# 数据分析原理

## 6步解决业务分析难题

周文全 黄怡媛 马炯雄 著

電子工業出版社
Publishing House of Electronics Industry
北京•BEIJING

## 内 容 简 介

本书系统地介绍了数据如何始于业务、取于业务、用于业务。既有扎实的理论铺设，又有具体的案例支撑，通俗易懂地回答了数据“怎么来”和“怎么用”的问题。同时，本书总结出了解决业务分析难题的六大步骤，包括对最终数据分析产生关键影响的数据源的选取方法，以及通过对业务模块的判断确定分析方法的适用场景，最终推演、验证、分析出结论，并选择最优的分析结果展现方式，让数据分析全过程形成闭环。

本书的内容从底层原理出发，帮助读者打好数据分析基本功。在原理的讲解过程中，通过提问、思考、解答、案例分享的方式，结合三位专家十多年的行业经验，让读者从根本上理解数据分析、学会数据分析。本书适合数据分析从业者、数据分析爱好者阅读，也适合大中专院校数据相关专业的老师和学生使用。



**图书在版编目（CIP）数据**

数据分析原理：6步解决业务分析难题 / 周文全，黄怡媛，马炯雄著. —北京：电子工业出版社，2023.1
ISBN 978-7-121-44453-1

Ⅰ.①数… Ⅱ.①周… ②黄… ③马… Ⅲ.①数据处理 Ⅳ.① TP274

中国版本图书馆 CIP 数据核字（2022）第 195722 号

责任编辑：张慧敏
文字编辑：戴　新
印　　刷：中国电影出版社印刷厂
装　　订：中国电影出版社印刷厂
出版发行：电子工业出版社
　　　　　北京市海淀区万寿路 173 信箱　　邮编 100036
开　　本：720×1000　1/16　印张：15　字数：242.4 千字
版　　次：2023 年 1 月第 1 版
印　　次：2023 年 1 月第 2 次印刷
定　　价：89.00 元

凡所购买电子工业出版社图书有缺损问题，请向购买书店调换。若书店售缺，请与本社发行部联系，联系及邮购电话：（010）88254888，88258888。

质量投诉请发邮件至 zlts@phei.com.cn，盗版侵权举报请发邮件至 dbqq@phei.com.cn。

本书咨询联系方式：（010）51260888-819，faq@phei.com.cn。

# 推荐语

与学习数据分析相比，我们更要理解如何用数据分析和解决问题，这才是数据分析的核心价值。一组冰冷的数据、图表、算法没有任何价值可言，但如果数据被注入了业务场景、路径、思维等，那么带来的价值是不是很高呢？答案是一定的。

令人失望的是，目前市面上大多数课程、图书仍以技术、工具、算法为核心，太注重“术”的培养，这是数据分析好学、容易学的地方，而对于“道”的讲解少之又少。本书内容更多的是对“道”的讲解，业务场景丰富、案例实战性强、思维模型更是独出心裁，相信会让你对数据分析的理解更上一层楼！

——邓凯　爱数圈创始人

大部分计算机专业的同学在毕业后从事软件开发工作，本书第一作者在大学期间就对数据分析表现出极大的兴趣，在人工智能、数据挖掘、神经网络方面均有不错的知识积累，毕业后从事十余年的数据分析工作，通过大量真实的工作场景培养出基于业务需求主动思考和批判性思维的工作习惯。数据分析是一项通用的职场能力，相信通过本书的学习和应用，你将具有更好的职业发展前景！

——杨天奇　暨南大学计算机系教授

数据分析是企业管理和业务创新的重要工具，通过数据挖掘业务本质，能够提供准确决策，助力指标增长。近几年互联网从用户增长到私域流量，都是对数据的分析、应用、运营。

本书作者具有强大的数据分析“内功”，剖析工作中的真实场景，从实践出发提炼理论，帮助职场人员更好地提升！

——葛明　腾讯通讯业务部GM

大数据是社会管理、企业管理的重要手段。数据天生存在，关键是收集数据、整理和规范数据，进而通过数据预测未来，这样才能实现真正地用好数据。本书有理有据，案例丰富，可读性强，值得多看几遍，读者将会收获良多！

——倪良　阿里巴巴风控大数据创始人

因为缺乏对数据本身的深刻理解，不少有着深厚技术积累的专家并不能成为一名出色的数据分析师。本书作者长期从事数据分析工作，都是所在行业出色的数据分析专家，他们通过这本呕心沥血之作教会我们如何从业务出发，在驱动业务成长的关键环节用好数据，解决好业务发展中的关键问题。

——张心瞻　中国电信翼支付高级总监

一方面，数据分析工具简单易用，业务人员很容易上手学习；另一方面，人工智能和推荐算法实现了常规报表的自动化和可视化。前者更懂业务，后者更具效率，数据分析师难道只能成为“提数师”吗？这个问题让很多数据分析师迷茫和困惑。

在一线从业十余年的数据分析专家周文全老师通过大量真实的工作场景和实战案例系统地教你如何破局。阅读本书，你会对业务理解、目标拆分和指标建立有一个全新的认识，培养基于业务需求主动思考和具有批判性思维的工作习惯，同时本书对数据的获取、分析和展示方法也有细致讲解，既启发你如何想，又教你如何做。

相信通过本书的学习和应用，作为数据分析师的你将会在组织中发挥更大的价值，具有更强的职场竞争力！

——陈哲　首都经济贸易大学副教授，
《数据分析：企业的贤内助》和《活用数据：驱动业务的数据分析实战》作者

数据是驱动业务增长的重要方法，本书从懂业务、定指标、选方法、提数据、做测试、得结果、做展示七大方面进行了详细阐述，具备典型性和应用性，能在数据驱动业务增长的实际应用方面为读者提供很好的思路。

——熊晓飞　高级算法专家

我们常讲“要用事实说话”，数据就是事实最直接的展现形式。业务成效好不好，要用数据说话。本书系统地介绍了数据如何始于业务、取于业务、用于业务。既有扎实的理论铺设，又有具体的案例支撑，通俗易懂地回答了数据“怎么来”和“怎么用”的问题。如何保证业务数据的统一、完整、可复用，以及建立数据驱动、持续优化的闭环过程，从这本书开始学习吧！

——邱韬奋　建信金融科技有限责任公司支付专家

从业务出发，制定数据指标体系；从数据视角反哺业务，驱动业绩增长。本书将理论与案例相结合，内容深入浅出，帮助读者构建数据思维，使读者掌握常用的数分方法，并指导具体落地运用，结构完整，内容翔实，是一本难得的佳作。

——谢清森　唯品会创新项目部前负责人，
现某家居行业软件公司信息化平台总监

本书跳出具体的数据分析方法，回归本源，介绍如何用数据分析来解决实际的业务问题。作者结合自身的实际经验，帮助从业者从业务视角思考和审视数据分析日常工作，体系框架严谨，方法务实落地，无论是资深数据分析师，还是数据分析新人都会有所收获，非常值得深入学习。

——李希仁　北京云链金汇数字科技有限公司CTO

本书是一本不可多得的以案例分析为主的数据分析书。它不是晦涩难懂的概念书，而是适合不同层次数据分析人士提高分析思维的实战书，更是作者多年大厂数据分析实践经验的汇总。因此，强烈建议计划学习数据分析及想要提高数据分析思维的同学阅读。

——马文豪（@小码哥）　《零基础轻松学Python》作者

# 前言

## 为什么写本书

本书第一作者在大学的数据分析课程学习中，无意中发现了张筑生老师编著的《数学分析新讲》一书，当时觉得非常经典，认为所有给读者看的、带有普及教育意义的图书都应该用心写，能够真正解决读者学习上的困惑，让人受益匪浅。大学毕业之后，笔者一直从事数据分析工作，对该行业的现状、痛点、未来发展有了更加清晰的认识，比如大部分公司的数据分析师都是做提数、数据校验、日/周/月报工作的，并不知道如何去分析、解决业务问题；再如，很多分析师遇到一个业务问题，无法下手，很迷茫。这些都是要解决的问题，笔者也看过市面上的一些数据分析图书，这些书对业务问题的讲解不够透彻。回想大学时张老师的那本书，笔者决定把自己在企业多年工作的经验进行分享，让该行业的人少走弯路，快速找到捷径。所以，笔者联合了其他两位在数据分析行业有着多年经验的作者一起创作了本书。

## 本书特色

与一般的数据分析图书不同，笔者在写作本书的时候尽量用案例来阐述每一个想表达的观点，对一些基础性的概念没有做过多篇幅的介绍，更多的是讲分析方法。这样来定位是因为市面上讲概念的图书太多了，读者既然去买书，就是需要一些有价值、可以直接应用的内容。

同时，细心的读者会发现本书第1~6章是一个连贯的过程，即如何有效地解决一个问题，这套逻辑同样适用于生活中遇到的困难。与麦肯锡的那几本概念书不同，这里笔者希望紧贴业务场景，提供更多干货。

另外，笔者尽量不去讲一些算法公式、代码等“高大上”的概念，因为这些内容只有在实际工作中去感受和抽象提炼才是最快、最有效的；如果读者看完就忘了，那还不如不看。对入门的读者来说，希望他们觉得数据分析很有趣，而不是晦涩难懂。

## 读者定位

- 数据分析从业者，即使你工作了5年、10年，本书同样适合你。
- 数据分析爱好者，相信你看了这些案例之后，会更加有兴趣，甚至可以尝试跳槽。
- 大学相关专业师生，可以结合本书的案例来学习。

## 学习建议

如果当前你对数据分析的相关知识了解得不多，那么建议你从本书第 1 章开始，先快速看完一遍，再精读，同时要找更多的人来交流、探讨。

如果当前你对数据分析的相关知识已经有了一定的了解，建议选择性地阅读本书，看自己想知道的内容，这样效率更高，同时可以找作者交流、探讨。

如果当前你对数据分析的相关知识已经很了解，建议重点看一些案例，拓展自己的视野。

## 致谢

感谢大数据行业布道者邓凯、《活用数据：驱动业务的数据分析实战》作者陈哲老师的鼓励与支持，让笔者下定决心写本书。

感谢电子工业出版社张慧敏对书稿提出的修改建议和在写作过程中的督促与支持。

感谢笔者的家人，没有家人的爱与支持、理解与付出，就没有这本书。

作者：周文全

# 目录

# 第1章
# Chapter 1

## 数据分析<br>始于懂业务，切于指标体系

数据分析师岗位在最初的时候是由业务人员来承担的，后来随着业务复杂度的增加，才延伸出了专门的数据分析师岗位，其工作内容包括数据采集、数据处理、数据分析、数据算法、数据展示等。不管负责哪一部分工作，都需要懂业务，因为数据本身是为业务服务的，而业务的切入点就是各种指标，即指标体系。数据分析师也是通过指标体系来与业务人员进行沟通的。

## 1.1 怎样才叫懂业务并高于业务视角

什么是数据分析师最重要的技能？应该是比任何人都懂业务。这句话在职场中已经被说了很多遍，包括一些数据科学家也经常在公开场合说要做到高于业务视角，因为管理层确实都是通过公司的数据来进行决策判断的。数据分析师日常提供的月报是公司管理层决策的重要依据，提供什么数据、从什么角度来阐述都非常关键，要根据客观事实进行专业性指导。业务方不能做数据分析工作，因为业务方在分析数据的时候可以从某个对自己有利的视角进行阐述，可能会有失偏颇。

笔者曾经与一位同事专门讨论了什么叫高于业务视角，对方认为这是一个伪命题，业务人员每天都在和业务打交道，你能做到比业务人员还懂业务？在过去很长一段时间，笔者也一直同意那位同事的看法。而基于这样一种理解，会延伸出另外一个很现实的问题：职场中是否需要真正的数据分析师?

在分析方法上，一些入门的分析方法业务人员也可以快速学会；在工具上，当前的BI数据处理和查看工具越来越自动化，做周报、日报都没问题，AI本身的门槛也在不断降低，况且很多数据分析师并不需要接触AI；对于专题分析报告，其本身就是一个低频动作，并且在落地时也容易被挑战。

这是很多数据分析师在公司内影响力不大，同时也在职业发展中感到困惑的重要原因，觉得很容易到“天花板”。在笔者职业发展的前五年，笔者一直被各种忽视。现在总结，当初自身确实也存在问题，但更多的是整个行业对数据分析师的界定不清晰，很多应聘者在面试的时候都不能很清晰地说出具体职责、内容和价值，认为数据分析师就是做一些简单的数据提取，然后写一写周报、日报和数据波动分析。实际上，数据分析师应该是集业务、工具、方法、模型于一体的商业导向性人才，而这里面首要的就是懂业务。

## 1.1.1 懂业务的三个标准

先举一个例子。笔者之前在一家金融公司工作时，每周都要写周报，有非常多的数据要处理，每次都要花大量的时间去完成这项工作。有一次在被一名实习生问到周报里面的专有名词含义和计算口径时，笔者却很难用简单的语言解释清楚。笔者也专门去请教了其他同事，结果发现大家讲的都不是特别清楚。

这件事对笔者的影响非常大。笔者发现：大家平时都太忙了，忙到没有时间去思考很多东西的本质，就是为了做事而做事。这么多年过去了，依然发现周边很多人对自身负责的业务缺乏深度思考。比如，你负责一个产品，能不能保证当你和任何一个客户介绍产品方案时，对方提出的任何合理问题，你都能从专业角度给出答案。这是一种意识，而意识的培养需要靠自驱力。在笔者看来，懂业务的数据分析师需要满足如下三个标准。

（1）能够讲清楚业务的含义、流程和价值。

语言是思维延伸的疆界，这句话笔者是比较认同的。能不能讲清楚一件事，可以判断是否很好地理解了某件事。这和表达能力是两回事，一旦想清楚了，就能够很好地解释清楚。

以活动运营这个业务为例，数据分析师在和活动运营经理沟通的时候，除被动接受需求外，还应该主动思考活动运营的流程和价值。在活动前、活动中、活动后业务方要做哪些事，随之分析师要做哪些事，如图1-1所示。

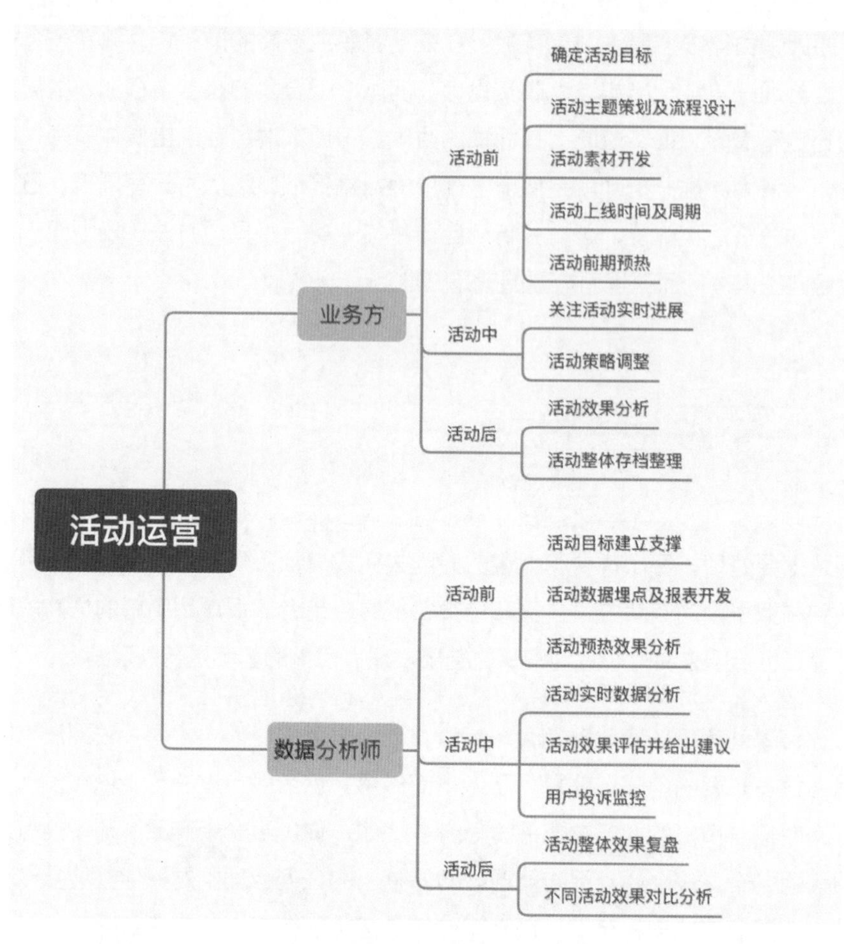


图 1-1　业务方和数据分析师在活动运营中要做的事

以数据分析师的视角为例，在活动运营中需要做如下工作。

- 活动前：每一次活动都要有预设目标，否则花钱谁不会呢！而目标建立是强依赖于数据分析师的，但是很多公司根本就没有数据分析师。
- 活动中：数据分析师要观察每天的数据波动，及时根据数据表现调整策略，让活动效果最大化。
- 活动后：一般公司的数据分析师都是在这个时候参与的，但也只是单纯地提供一篇分析报告，可能还要延后2~3周的时间。其实已经很延迟了，要尽快地对活动进行复盘，未必需要大而全。更加重要的是，要对不同活动的效果进行对比，哪些好、为什么好，这些都是分析重点，下一次做活动时就能够提供“炮弹”支持。

可以看出一个简简单单的活动，数据分析师的参与感是非常强的，每家公司都有大大小小的活动，通过这种持续的分析，数据分析师能够在活动运营中成长为专家，这才叫懂业务。

（2）熟悉业务顶层目标及子目标拆解，并通过数据来判断业务的健康度。

一般面试数据分析师的时候都会问业务目标和数据，比如留存率提升多少、如何提升，看该数据分析师有没有这种最基本的数据意识。笔者面试过很多人，这部分回答得并不好，比如笔者一般问应聘者这个业务的大目标和小目标分别是什么、你在这里面起什么作用、通过什么数据来判断业务的健康度。

还是以活动运营为例，数据分析师要知道活动的大目标，同时要清楚地知道业务方是如何完成这个大目标的。有些公司的数据分析师沦为单纯的提数机器，简单又痛苦，就是因为在目标这件事上做得不好，都是被动接受，没有主动思考。如果活动运营人员都没有想清楚目标，那么数据分析师就要帮助业务方去做好这件事。

以春节拉新活动为例，大目标是带来100万名新增用户，针对该大目标，业务方准备通过自有渠道合作和外部渠道推广来完成，如图1-2所示。

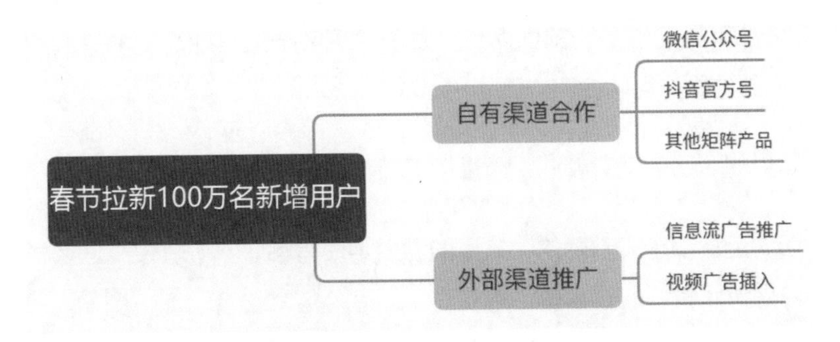


图 1-2　完成春节拉新活动的渠道和方式

在自有渠道合作中，通过与数据分析师探讨，得出以下结论。

- 微信公众号粉丝有100万人，此次春节拉新目标转化率为30%，可带来30万名新增粉丝。
- 抖音官方号粉丝有75万人，此次拉新目标转化率为20%，可带来15万名新增粉丝。
- 其他矩阵产品用户有300万人，此次拉新目标转化率为5%，可带来15万名新增粉丝。

在外部渠道推广中，通过与数据分析师探讨，得出以下结论。

- 信息流广告推广预算40万元，可带来30万名新增粉丝。
- 视频广告插入预算20万元，可带来10万名新增粉丝。

可以看到，整体大目标的完成是经过逻辑性评估的。活动正式上线后，就可以根据数据表现来看哪里做得好，哪里做得不好，反推其中的逻辑，然后在下一次活动时进行改进。

（3）结合前面两点做横向及纵向发散性思考。

工作经验丰富的人或头脑灵活的人能够很快掌握前面两点，但数据分析师要想有自己的核心竞争力，就要有一些自己的东西，因为前面两点业务方也很清楚。数据分析师要能够基于前面两点，发散性思考一些其他需要解决的问题。还是以活动运营为例，可能会有以下思考。

- 常见的活动类型有哪些？衡量指标有什么差异？
- 活动运营都是靠激励的，常见的激励手段有哪些？一般效果怎么样？行业内做得比较好的是哪些企业？

- 如何去评估活动的短期效果和长期效果?
- 活动都需要投入，如何有效计算自身的ROI（投资回报率）?
- 如何提升活动策划、设计、开发、测试、数据整套运营效率?

一旦静下心来去想这件事，就会发现有很多没有解决的问题，这个时候是最有意思的，所谓的工作中不轻易设置边界就是这样，所有的无用最后都变成有用。以如何评估活动短期效果和长期效果为例，需要解决的问题非常多，如图1-3所示。

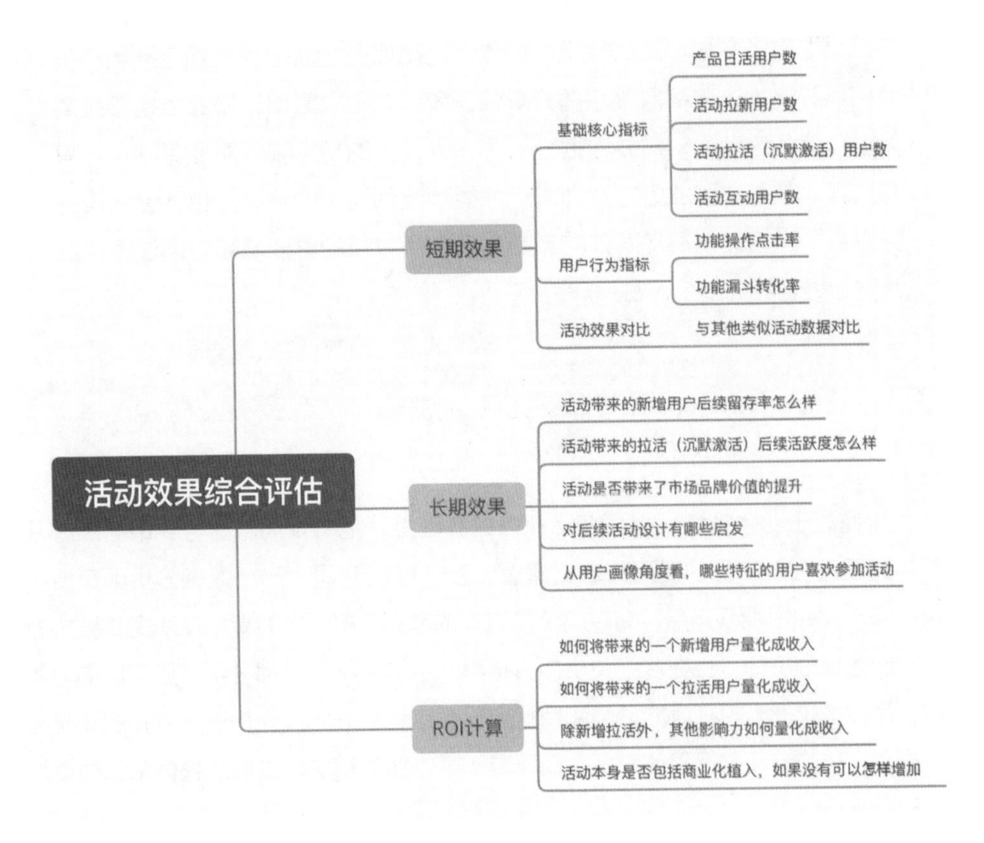


图 1-3 活动效果综合评估举例

**短期效果：** 做活动立马起到的效果就是短期效果。比如，带来了用户数和交易额的增长、品牌宣传指数翻倍等。一般数据分析师对活动进行分析都是把重点放在这个层面。

**长期效果：** 活动带来的这些用户后面的表现怎么样、品牌后续有没有得到进一步推广、本次活动对后续活动设计有哪些启发等，这些都是长期效果。在笔者看来，长期效果才是活动的宏观价值所在，不要在意一城一池的得失，而是要从全局角度去看活动运营这件事。

**ROI计算：** 活动都是要投入成本的，也比较好计算，比如发了多少优惠券、被使用了多少。难点是带来的收入，比如一个新增用户或活跃用户价值如何量化。这些都需要数据分析师去考虑。可以看出，懂业务绝不是简单地和业务方沟通，需要数据分析师投入巨大的精力去琢磨业务本身，只有这样，在每次和业务方沟通时，才能提出创造性的建议，也才会获得业务方更多的信任。每次对外交流都是一次点对点的价值感知，通过多次的互动最终就形成了个人名片。

## 1.1.2 什么是高于业务视角

所谓高于业务视角，是指在懂业务的基础上，把每个局部业务线串起来，从整体的视角去看产品的发展并给出建议。在一般的公司，一个数据分析师负责一块业务，比如短视频产品，有专门负责直播的数据分析师，有专门负责短视频内容生产的数据分析师，也有专门负责内容推荐的数据分析师，都分别对应相应的业务方，目标都是提升短视频的流量和商业变现。这种划分的好处在于更专，但正是因为更专，往往缺乏长远整体考虑，而既专于某个业务模块，又能从整体来布局就是高于业务视角。

之前，从事内容数据分析的一个同学向笔者表达了一个困惑。他当时的项目是做新增用户留存率提升的，因为内容推荐都是用推荐算法，所以感觉自己参与得并不深入。用户看到的这篇文章好与不好都是算法给出的，这样数据分析师的参与感就非常弱了，算法人员就能很好地完成像AB测试这些工作，数据分析师似乎只能做一做周报、日报和一些简单的专题分析。

确实，内容行业强依赖于推荐系统，是否需要数据分析师很容易受到质疑，笔者开始做内容行业的分析师时也遇到过这些问题，之所以这样，是因为在业务视角上很局限。内容的数据分析包括内容的生产、内容的处理、内容的推荐、内容的消费，每个模块都是单独的业务方负责。对于一般的公司来说，数据分析师侧重的是内容的推荐和消费分析，而实际上数据分析师能够更好发挥的是内容的生产和内容的处理这两部分。一旦某个数据分析师立足于这两部分，同时在内容的推荐和内容的消费上也做好分析，就很容易从整体上找到当前业务的突破点，如图1-4所示。

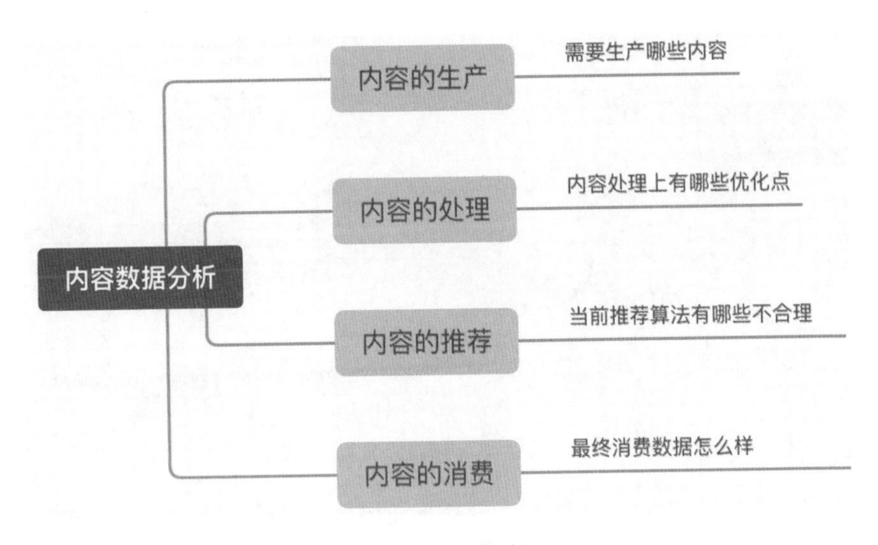


图 1-4　内容数据分析

内容的生产：需要生产什么内容，在供给和需求上如何平衡。同时，如何去衡量内容供给方的价值，从而有针对性地建立引入机制和给予创作激励。

内容的处理：一篇文章生产后会经过哪些处理环节、各个环节的处理时长是多少、漏斗的折损率怎么样、为何折损、人工筛选策略有没有什么不合理的地方。

内容的推荐和内容的消费：内容消费上升或下降的原因是什么、如何综合衡量增加某个品类文章带来的效果、各个二级分类的人均阅读时长是多少、一篇文章的曝光经过哪些算法、有哪些算法不合理。

一旦从业务的整体角度去看，思路就会被打开，而不只是关注一个最终消费数据这么简单。仔细来看一下在各部分可以做什么。

（1）内容生产分析如图1-5所示。

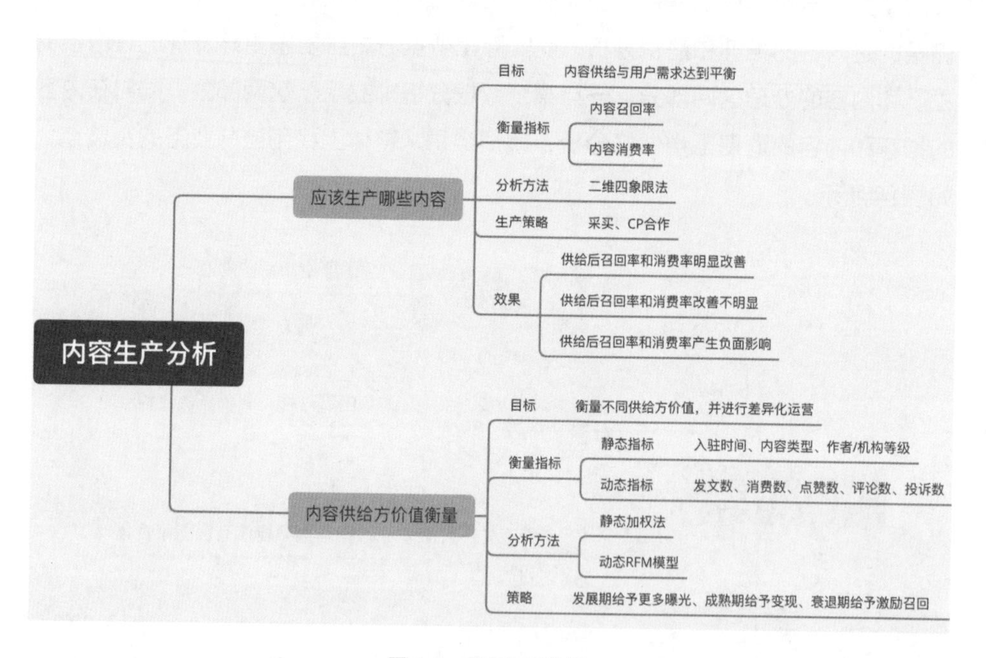


图 1-5　内容生产分析

应该生产哪些内容：实际上，内容行业最依赖数据分析师的就是内容的补给，实现内容的供需平衡。业务方和算法人员都知道内容源很重要，但是究竟如何运营，需要数据分析师给出具体的策略。数据分析师可以通过定义内容召回率和内容消费率两个指标，基于二维四象限法判断哪些内容供给不足、哪些过剩，从而有效地给出供给策略。

内容召回率：内容召回是指从全部内容中找到尽可能多的正确结果，并将结果返回。内容召回率=系统检索到的相关内容 / 系统所有相关的内容总数。内容召回率反映内容供给端的效率。

内容消费率：内容消费是指全部曝光的内容中用户的点击情况。内容消费率=系统内容的点击数/系统内容的曝光数。内容消费率反映内容消费端的效率。

二维四象限法：*X*轴是内容召回率，*Y*轴是内容消费率，内容召回率和内容消费率作为两个重要属性，通过临界法进行分类分析，与读者日常所理解的重要且紧急、重要但不紧急、紧急但不重要、不紧急也不重要的时间管理矩阵是一个原理。

这里面有很多细节需要数据分析师去琢磨，非常考验数据分析师的基本功，比如二维四象限法如何切分临界点就是一个很有意思的话题。

内容供给方价值衡量：也就是所谓的合作方价值分析，因为内容是合作方提供的，而合作方本身都是需要运营的，那么如何去衡量合作方的价值，从而针对性地运营（每个行业都会把B端客户进行价值区分，然后专门跟进）呢？这里面就涉及合作方的价值分析，包括静态加权法和动态RFM模型。

静态加权法：对静态指标进行分级打分来定义内容供给方的价值。例如作者/机构等级，S级为100分，A级为80分，B级为60分，C级为40分；入驻时间超过1年为100分，小于或等于1年为60分。按照经验定义各静态指标权重，如作者/机构等级权重是0.8，入驻时间权重是0.2，然后进行综合计算，如0.8×作者/机构等级+0.2×入驻时间。一旦计算出来，内容供给方的价值相对恒定。这种计算方法确实简单，但缺陷也比较明显。

动态RFM模型：对动态指标进行RFM分层来定义内容供给方的价值。例如最近一次生产内容距今的时间、最近1个月生产内容的发文数、最近1个月生产内容的消费数。由于RFM模型本身是动态的，因此每隔一段时间都会重新评估内容供给方的价值。这种计算方法会稍微增加业务运营的复杂性，但更加合理。

笔者接触到的一些公司目前还是以静态分析为主，也就是通过历史数据进行加权。数据分析师可以在这个基础上进行创新，通过动态RFM模型来观察合作方的生命周期价值，然后给每个阶段的合作方都制定不同的运营策略。这个过程应用的分析方法都是非常专业的，只有数据分析师能做。

（2）内容处理分析如图1-6所示。

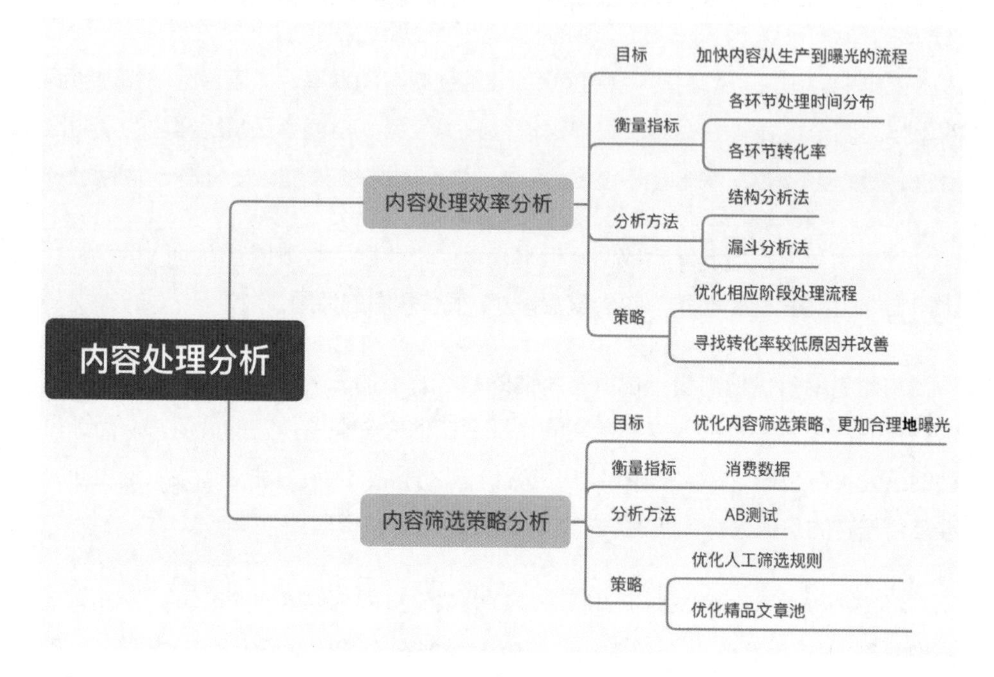


图 1-6　内容处理分析

内容处理效率分析：一篇文章生产之后，会面临诸多处理流程，如提交发文、发文成功、平台审核、进入推荐库、内容可推荐、请求下发，然后可能才到曝光。内容行业本身对实时性要求很高，每一步的处理时间和转化率都非常重要，可以用结构分析法和漏斗分析法进行分析。

结构分析法：指对系统中各组成部分及其对比关系变动规律的分析，如内容审核的天数分布。

漏斗分析法：一套流程式的数据分析，它能够科学地反映用户行为状态，以及从起点到终点各阶段用户转化率情况，是一种重要的分析模型。

进行内容处理效率分析可以使用漏斗分析法，漏斗分析法可能是数据分析行业使用最高频的一个分析方法，但是想做好并不容易。漏斗要拆解得足够细才能给出针对性策略。

内容筛选策略分析：内容的筛选分为人工筛选和算法筛选，筛选本身是否合理也需要细看，数据分析师在这项工作上做的事情非常多，如各种策略的效果对比。一般一篇文章曝光会涉及几十种策略，可以想象一下这里面的工作量。如果数据分析师能给出有效的策略建议，算法人员就不用每天再手动做各种AB测试了。AB测试本身的时间成本和人力成本都非常高。之前笔者在和内容的算法工程师沟通的时候，发现他们每天都要做大量的AB测试，很痛苦，非常希望数据分析师能提供一些关键信息的指导。

（3）内容推荐分析和内容消费分析。

在内容的推荐上，是通过内容筛选策略进行内容下发的，然后基于内容消费分析推荐的合理性。因此，内容推荐分析的重点是通过消费数据分析进行推荐策略反哺。内容消费分析如图1-7所示。

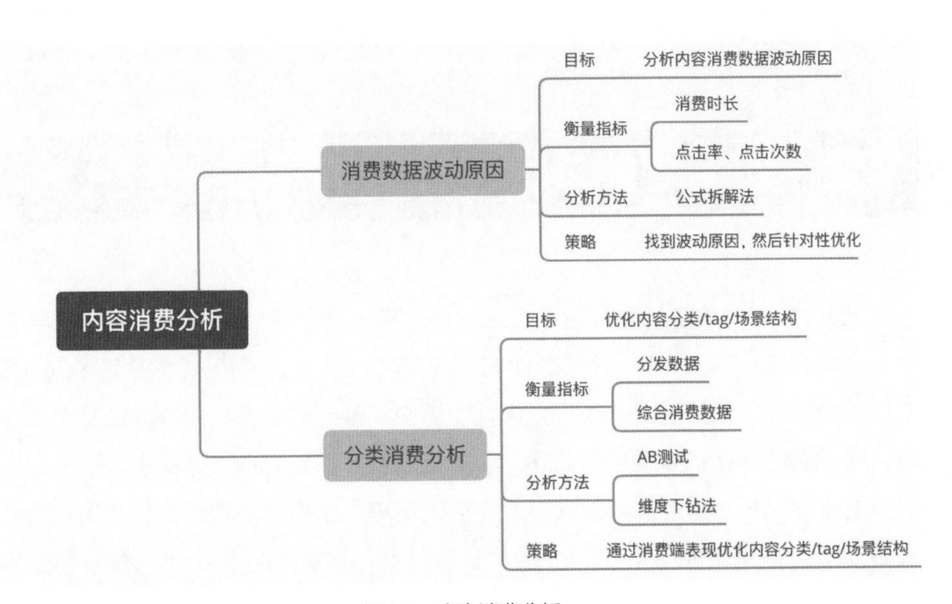


图1-7　内容消费分析

消费数据波动原因：和其他行业一样，内容行业也需要对推荐效果进行分析，最常见的就是日常的数据波动，如人均阅读时长和人均点击次数。这项工作只有数据分析师能做，因为太专业和细分了，最常用的方法是用公式法来拆解。数据涨和跌都要找出原因，一旦不能量化，下一步就不知道如何提供策略。

分类消费分析：这是大部分内容行业数据分析师的日常工作，看各种一级分类、二级分类、tag、频道的分发数据和时长数据，通过差值对比法来提供一些策略，然后做AB测试，这项工作业务人员其实也能很好地完成，数据分析师更多的是提供数据报表支撑。这应该也是笔者的那位同学比较困惑的原因之一（还是停留在提供报表阶段）。

这里只是一些分析方法的简单介绍，在后面的章节中会专门进行讲解。可以看到，一旦从整体角度看待业务，数据分析师要做的事非常多，各种人、各种数据、各种分析、各种策略，基于各种各样不同的变量，通过时间的沉淀，最终才能高于业务视角：在工作中要多往这个方向努力去做，多花时间去琢磨每个模块，然后静下心来做好每一件小事，最终自然高于业务视角。

## 1.2 如何才能成为懂业务的专家

在1.1节中，笔者已经介绍了什么叫作“懂业务”、什么叫作“高于业务视角”。再总结一下，就像一个从2D到3D的过程。在2D的平面上“懂业务”，即要求数据分析师把业务这“一亩三分田”搞清楚，做到对业务相关的问题都了然于胸。在3D的维度上“高于业务视角”，向上升维，即给当前业务的现状加上时间发展的坐标，根据自己的专业经验对业务的历史、未来的发展做出自己的判断；向下升维，则是把业务本质的“根”看得透彻，理解业务最本质的核心商业模式、产业链条等。

看到这里，读者一定想问：我知道这很重要，但我要怎样才能成为懂业务的专家呢？甚至能做出“高于业务视角”的判断呢？笔者认为主要有两大方向：多想一步，不做只为完成工作的“机器人”；主动思考，培养批判性思维。

## 1.2.1 多想一步，不做只为完成工作的“机器人”

在实际工作中，数据分析师很容易落入纯辅助的角色，即满足其他需求方提出的一些提数、分析的需求，这时往往就比较缺乏主观能动性发挥的空间。作为合格的职场人，当然是需要完成工作任务的；但对于数据分析师的个人成长和锻炼来说，仅仅“完成任务”是不够的，甚至对于思维是有害的，容易培养懒惰的惯性。所以，如果想让自己成为一个真正懂业务的专家，那么就要在日常工作中习惯多想一步，挖掘日常工作事务背后隐含的核心、最真实的需求。

如何挖掘核心、最真实的需求呢？本节主要介绍三个方法。第一个方法是“了解背景”，第二个方法是“不断地问为什么”，第三个方法则是“向单点问题的四周延伸”。

第一个很实用的方法是“了解背景”。这应当成为职场人必须养成的习惯之一。在拿到一个需求的时候，不应当马上上手，而应当了解背后的动因，寻求更合理的解决办法。下面举一个数据工作中常见的例子。

研发同事：“小洪，我们按产品的需求接入了这个新的外部SDK，你能帮我提个数看看用户量吗？”

笔者：“嗯，提数很快的，但想先问问，提这个数的背景是什么？”

研发同事：“我们要写研发季度报告。”

笔者：“是汇报需要。其实你的目的是需要一些数据去佐证这个SDK接入所带来的价值，是吗？”

研发同事：“嗯，是这样没错。”

笔者："明白了，我不太建议使用SDK用户量这个指标。使用SDK的目的主要是尽可能多地布局到各行业产品中，SDK用户量与接入App本身体量强相关，并不能完全反映咱们接入的价值。我稍后给你提供目前SDK在各个行业布局的App数量、垂类行业用户规模渗透率等指标，这样更能体现咱们的价值。"

研发同事："好的，谢谢你！"

提数是很多数据分析人员经常会遇到的需求，如果对各方需求来者不拒，很多数据分析人员就会掉入"提数机器"的苦恼陷阱中。要解决这个问题，首先需要建立"了解背景"的习惯，主动让自己的工作增加思考深度，拒绝盲目地执行需求。

第二个行之有效的方法是"不断地问为什么"，直到问无可问为止。下面举一个笔者在做产品工作时遇到的例子。

用户："你们这个信息流产品太多乱七八糟的内容了！能不能整改一下？"

笔者："首先给您道歉！想再多跟您了解一下，我们产品的内容都是有管控的，您为什么会觉得内容乱七八糟呢？"

用户："好多娱乐新闻、社会新闻的阅读记录在我的'已读记录'里展示。"

笔者："嗯，为什么在'已读记录'里展示会对您造成困扰呢？"

用户："我的孩子有时会看我的手机，我不希望小孩子看到这些内容。"

笔者："好的，我们改进一下。"

如果我们一开始便不假思索，对用户提出的"乱七八糟"控诉进行改进，那么我们的产品策略可能是加强内容监管、分级；但通过不断地问"为什么"，我们了解到用户其实对这类内容并不反感，只是担心这类内容不适合自己的孩子阅读，会对孩子产生负面影响。深入了解用户的本质需求后，我们的产品策略就应当向另一个方向改进：提供“无痕阅读”功能给部分用户。

第三个挖掘本质问题的方法是“向单点问题的四周延伸”。不要止步于某一个小的问题，可以尝试从更广阔的全局视角去“补全”问题的全貌。这将有益于业务的真正良性发展，也有益于自己全局思维的培养。下面再来看一个有关互联网工作常见的例子。

产品经理：“小蓝，咱们3.0版本新上的‘寻找附近的人’功能对留存率的贡献能帮忙评估一下吗？”

笔者：“没问题的。‘寻找附近的人’是咱们这个新版本里的核心功能吗？”

产品经理：“对，因为当时设计这个功能的目的是提升留存率，所以想看看实际对留存率的贡献有多少。”

笔者：“虽然咱们设计时的目的是提升留存率，但这个功能的贡献还可以从很多方面去考量。这样，我先对用户群做拆分，区分新用户群、老用户群、流失用户群，然后针对各个用户群从功能渗透、留存贡献、收入贡献等多个方面全面评估一下这个功能的贡献，看是否有可以优化提升的地方。”

产品经理：“那太好了！”

从短期看，这三种“多想一步”的工作思维习惯能让你在职场中树立更专业、靠谱的形象；而从长期看，当“多想一步”成为你如膝跳反射般的习惯时，你已经在“懂业务”的路上稳稳地前行了。

## 1.2.2 主动思考，培养批判性思维

除从日常工作中接收的工作需求能让我们锻炼懂业务的能力外，还要从熟悉业务的“行家”成长为精于业务的“专家”，主动思考是绝对不能少的步骤。

工作中需要解决的问题和实现的需求除来自外部外，更多时候我们还要学会主动思考，考虑如何主动去找到有价值的问题。一方面，来自外部的需求很多时候是零散、不成体系的；另一方面，主动挖掘值得分析、解决的问题，也有助于提升我们的全局意识和影响力。

如何在日常工作中保持主动思考的习惯呢？笔者认为主要有两个方面：一是保持好奇心，对事物要有刨根问底的习惯；二是保持批判性思维，对事物保持清醒的不盲从态度。

### 1. 保持好奇心

好奇心是人们追求知识和创新的重要动力来源，但是要保有好奇心并不是一件容易的事情，因为好奇本身就是不“舒适”的，它让人处在不确定的非稳态当中。反过来看，只要循规蹈矩、不闻不问，“不好奇”就容易得多。相信正在看本书的读者，一定是对自我的提升有追求、对新知识有好奇心的人，所以也希望与读者分享几点笔者认为保持好奇心的方法。

- 避免重复与无聊：现代社会的绝大部分工作都偏专职化，“一个萝卜一个坑”，在招聘员工的时候就已经预设了岗位的大致边界和职责范畴。在互联网行业已经发展得十分成熟的今天，仅仅“产品运营”这个工作就细化到十几个岗位，如“内容运营”“渠道运营”“活动运营”“数据运营”等。以数据运营岗位为例，常规的岗位职责包括输出分析报告、固定数据报表、排查数据问题等。最初上手的时候可能仍有学习新知识的新鲜感，但当熟练之后往往很容易陷入倦怠。这时就需要主动在工作中避免过多的重复性，探寻新的刺激。比如，分析报告的思路是否可以有不同于过往的新框架？除数据报表的监控外，是否可以尝试把多个数据报表整理成更全

局的仪表盘？总之，即便在一个岗位上，每半年就要要求自己多接触一些新的工作内容，持续保持新知识的输入。

- 保持持续学习的习惯：在离开学校之后，读者是否还有保持持续学习的好习惯呢？我们要形成自律学习的好习惯。学习的方式不再局限于读书考试，而是多种多样的，比如丰富的数据分析课程、精彩的博文，甚至是和资深前辈的一次深聊，都是我们学习的机会。强烈建议读者做自己的“老师”，给自己设定一段时间的学习目标，甚至可以设定一些具体目标来鞭策自己学习。比如，定下三个月内每周花2小时学习SQL的计划，以通过某个线上课程的SQL初级考试为目标，激励自己不断学习。此外，学习的输入如果能转化成输出，比如写成文章分享给更多的读者，往往能让学习的效果事半功倍。

- 对工作抱有“主人”心态：人们往往对与自己切身利益有关的事物更感兴趣、更上心，所以如果在工作中缺少一些改进工作的动力，那可能是你对手头的工作缺少了“主人”的心态。尝试把手头上的业务当作是自己的创业产品，去掉“老板要我做”的想法，换成“我想要把这个事情做得更好”的心态，可能你的视角就会和以前有所不同。

### 2. 保持批判性思维

如果对现状不加质疑地盲从，那么自然是没有“问题”的；但要想提出高质量的问题，那么带有不盲从的批判性思维是必不可少的。同样的，保持批判性思维也有一些方法可循。下面主要介绍三个可以学习从而形成的思维方法。

- 警惕偏见和刻板印象：为什么有时候一个天真无邪的孩童往往能看到大人所看不到的固有问题？这是因为孩童的思想是一张“白纸”，没有成人依赖其经历和经验形成的刻板印象。当我们选择戴上“玫瑰色的眼镜”，也就放弃了追求事情真相的权利。在数据化运营的过程中，偏见和刻板印象是尤为危险的倾向，会让数据分析人员偏执地想要“证实”或“证伪”，或者只看到局部而看不到全貌，达不到通过数据分析挖掘真相的目的。笔者曾在某App做数据运营工作，基于过往经验，周末的DAU（日活跃用户数，通常也被称为“日活”）会较工作日有所上涨。但后来通过数据研究才发现，其实周末DAU大涨的原因还有某渠道未经报备大幅放量。所以，请时刻保持一张“白纸”的心态，接受一切可能性的存在，不固执、不偏见。

- 是“事实”吗？现代社会信息过载，信息来源庞杂，当我们看到或听到一个“事实”的时候，要先问问自己，这是“事实”吗？仔细推敲，有几个方面可以去斟酌。首先，考虑信息的来源是哪里。比如，我们看到一个数据说“每天有7亿人使用移动支付”，如果数据的来源是一个权威的咨询/研究机构，就比来自一个无数据来源说明的论述要靠谱得多。其次，考虑信息的口径是什么。同样是“每天有7亿人使用移动支付”这个论述，放在“全球”和“全中国”的维度下，其真实性就完全不可同一而论。

- “你”的观点：“观点”本身并不稀罕，对于同一个问题，互联网上能找到的观点千千万万。但“观点”切不可是嗟来之食，要形成属于“你”自己的观点，才是批判性思维里最重要的一步。如何形成自己的观点？首先是以上提到的在不加偏见和刻板印象的前提下，对所有的外部信息进行事实性判断，然后结合客观的环境和条件，以及自己的立场和价值观，做出自己的专业判断。比如“是否应该下线‘猜你喜欢’功能”这个业务判断，就应当从数据化运营的角度出发，先对目前“猜你喜欢”功能的现状进行盘点分析，然后结合外部竞品情况和产品未来战略发展，综合给出你的专业建议。

总的来说，通过在日常工作中比别人“多想一步”，你就能更加了解业务的细节和逻辑；而高于日常工作的“主动思考”，则能让你成为业务领域具有独到见解的“专家”。当然，甘于平庸地完成工作也是可以的，但如何保证你在该业务领域有长久的职业竞争力？甚至在当前的业务领域日薄西山时，你能不能不靠“吃老本”，而是用在工作中锻炼出来的更难能可贵的“思维能力”轻松找到同类型，甚至跨行业的工作呢？“思考”会让你与众不同。

# 1.3　四步法建立指标体系

前面提到了懂业务和如何懂业务，好不容易懂了业务，接下来就是对业务进行诊断、分析，进而给出策略、执行策略、优化策略，这一切都需要量化，而量化的切入点就是从指标体系开始。笔者之前接触过互联网、政务、交通、能源、文旅、金融、教育这些领域，发现存在一个共性问题，即很多从业者缺乏对数据指标的有效管理。

例如，在年底汇报时，需要各种数据，业务方很忙，数据分析师更忙，要加班加点才能应对各种反复无常的提数工作；在日常工作中，每隔一段时间就会发现数据不够用，想看的数据是无穷无尽的，但总是要排期埋点开发才可以获得数据。根本原因就是没有真正有效梳理指标体系，也没有把指标体系这件事过多地放在心上。对于业务方来说，指标体系梳理和自己的KPI（关键绩效指标）没关系，离自己太远，一旦需要某个数据或出现某个问题，让数据分析师来做就可以了。对于数据分析师来说，更多时候认为指标体系就是一些重要指标的堆砌，满足日常看数就够了，但实际上并不是这样。

## 1.3.1　指标的含义

指标是事物或业务场景信息的度量，每天我们都在和各种各样的指标打交道。对于数据分析师而言，与别人沟通也特别喜欢用指标来评判事物的发展程度。以笔者为例，在面试别人的时候，很喜欢用指标来提问，例如：

- 用什么指标去衡量当前业务发展的健康度?
- 用什么指标去看数据分析师的贡献和价值?
- 用什么指标去看自己团队的协作精神?

一般来说，我们日常使用的都是派生指标，派生指标=原子性指标+时间段+修饰词，三者缺一不可。

图1-8所示是“双11”这一天首次通过搜索入口进入网页产生的交易额。这里原子性指标是“交易额”，时间段是“双11”，修饰词是“首次通过搜索入口进入网页”。

再如，1月1日产品整体的用户数，原子性指标是“用户数”，时间段是“1月1日”，修饰词是“产品整体”。这也就要求我们在遇到别人提问或自己在想事物的时候都要确认时间段和修饰词才有意义。

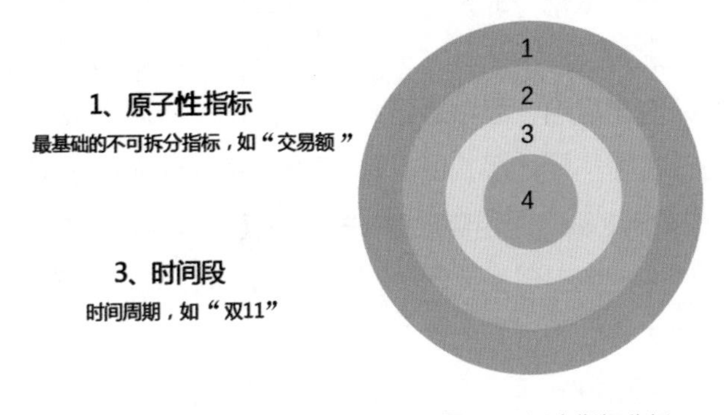


图 1-8　派生指标分析

## 1.3.2　指标体系的定义

指标体系是在业务的不同阶段，由数据分析师牵头、业务方协助，制定的一套能从各个角度反映业务状况即指标的待实施框架。

业务的不同阶段：不同阶段的业务关注的目标是不一样的，到指标体系上自然也要做适应性调整，受制于不同业务方之间的利益牵扯，这件事只有数据分析师可以做。

由数据分析师牵头、业务方协助：指标体系并不是数据分析师独立完成的，很多公司只有数据分析师一个人在主导，实际上业务方协助非常关键，否则最后无法落地。

反映业务状况：指标体系的目标是反映业务状况，要能够对业务进行有效诊断，最简单的数据波动就是通过指标体系来完成的。

待实施框架：前期构建指标体系更多的还是理论，一旦实际应用，可能会做针对性调整。

### 1.3.3 指标体系建立的四个步骤

很多同学都问我指标体系应该要怎么建立，这个问题确实是有答案的。我在做不同行业的数据产品实施工作，在落地的过程中，重要的一环就是进行业务调研，而调研里面很重要的一个目标就是建立指标体系，可以说指标体系确实是数据分析的一盏明灯，目前市场上经常讲的北极星指标在我来看并不是最重要的唯一指标（更多是互联网行业而已），有些行业指标也很重要，你无法让业务方选择最重要的是哪个。在和银行客服人员沟通他们有哪些考核指标时，得到的回复是有非常多的指标，而且都很重要，如开户数、绑卡数、交易额、服务满意度、工单处理及时率、上班考勤、上下级考核等。指标体系建立需要四个步骤。

**1. 厘清业务发展阶段和目标**

所有的一切都是从业务开始的，脱离了业务就完全没法落地。这里可以借鉴用户生命周期的五个阶段（新手期、成长期、成熟期、衰退期、流失期）将业务划分为三个阶段，如图1-9所示。

创业发展期：实际上，无论是互联网行业，还是传统行业，在前期都非常关注用户的产品体验。现在像中石化、国家电网这些巨型能源集团也在进行数字化转型，都成立了大数据科技公司，目标也都是通过数据来优化产品和用户体验。

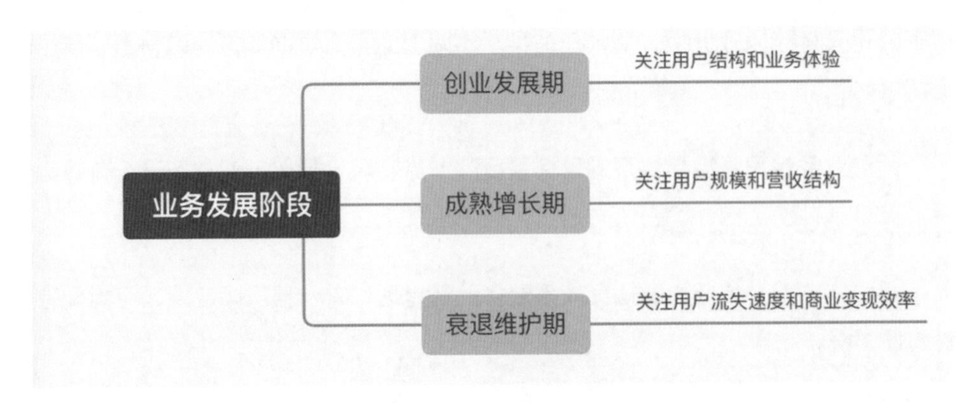


图 1-9　业务发展阶段

成熟增长期：产品或业务经过一定阶段后进入成熟期，除观察用户产品体验外，还要考虑商业模式，毕竟最终都会有收入考核，数据分析师一定要接触商业化。有很多数据分析师虽然工作了多年，但是对产品每年的营收、利润、商业结构、渠道成本这些都没有概念，无法从一个高维度去看产品发展，自然也就无法给出建议。要知道，用户数的激增是为了商业变现，况且很多行业并不看用户数。

衰退维护期：经历了成熟巅峰之后，很自然就会进入衰退期，衰退期更多是以有预期性的维稳为主，不求一定增长，按照行业规律下跌。这个阶段无论是商业化还是产品，都完全暴露在数据分析师面前，数据分析师要做的就是控制各种业务动作节奏，降本增收，同时结合用户数据和商业数据对业务转型给出建议。

### 2. 确定一级核心指标

了解业务所处的阶段后，要和业务方确认当前业务目标，并对目标进行指标确认。这里数据分析师要有自我判断能力，业务方给的目标未必正确。

比如，某款产品的日活定义是打开App，业务方的KPI是日活达到某个数值，为了完成该指标，业务方在年底不断地从其他渠道（如应用市场）买量，确实日活数据在持续增长，但数据分析师观察数据后进一步发现，在这些新增的用户中，有很多用户打开App后的跳出率高达30%（打开3秒后就退出），非常“不健康”。那么，当前核心指标如果还是“日活”就有问题了，需要进行调整。调整为停留时长超过3s以上的有效日活用户数可能更好。

再如，银行的理财业务，理财金额大于1000元的用户数明显要好于全部理财用户数，更能够反映业务的真实现状。

每个行业中每个场景的核心指标都不一样，数据分析师一定要多花时间去琢磨这件事，一方面，被动接受业务方为完成核心指标提出的各种需求，另一方面，主动思考核心指标的合理性，只有这样才是一个合格的数据分析师。

### 3. 核心指标维度拆解

针对核心的指标，业务方内部必然会对该指标进行分解，由不同的团队完成不同场景的子目标，这样就实现了对核心指标的维度拆解。数据分析师就是根据这份拆解来构建初步的指标体系的。以短视频行业为例，假设一级指标包含三个：月活用户数从2亿人增长到2.5亿人、人均消费时长从20分钟延长到30分钟、人均互动次数从0.2次增加到0.5次。

一般我们在公司看到的短视频指标体系是被简单罗列的，如图1-10所示。

稍微认真想一下，图1-10所示的结构图存在很大问题：只单纯地罗列了维度和指标，并没有真正实现子目标拆解，指标与指标之间的关系也没有写清楚，这样一份指标体系实际上是无法落地的。下面再来看一个被拆解后的短视频指标体系，如图1-11所示。

可以看到，要完成月活用户数的增长，不仅要吸引新用户进入，而且要维持老用户的留存率，同时观察回流用户数的变化情况。新增用户依赖各个渠道的投入，老用户留存率依赖短视频产品体验、内容本身、推荐策略。因此，分析的维度都不一样。这也是为何说指标体系是依赖于维度的，因为从不同的角度去看数据得到的结论都不太一样，数据分析师要看得全，也只有把所有可以分析的维度都放进来，才能说对业务最了解。

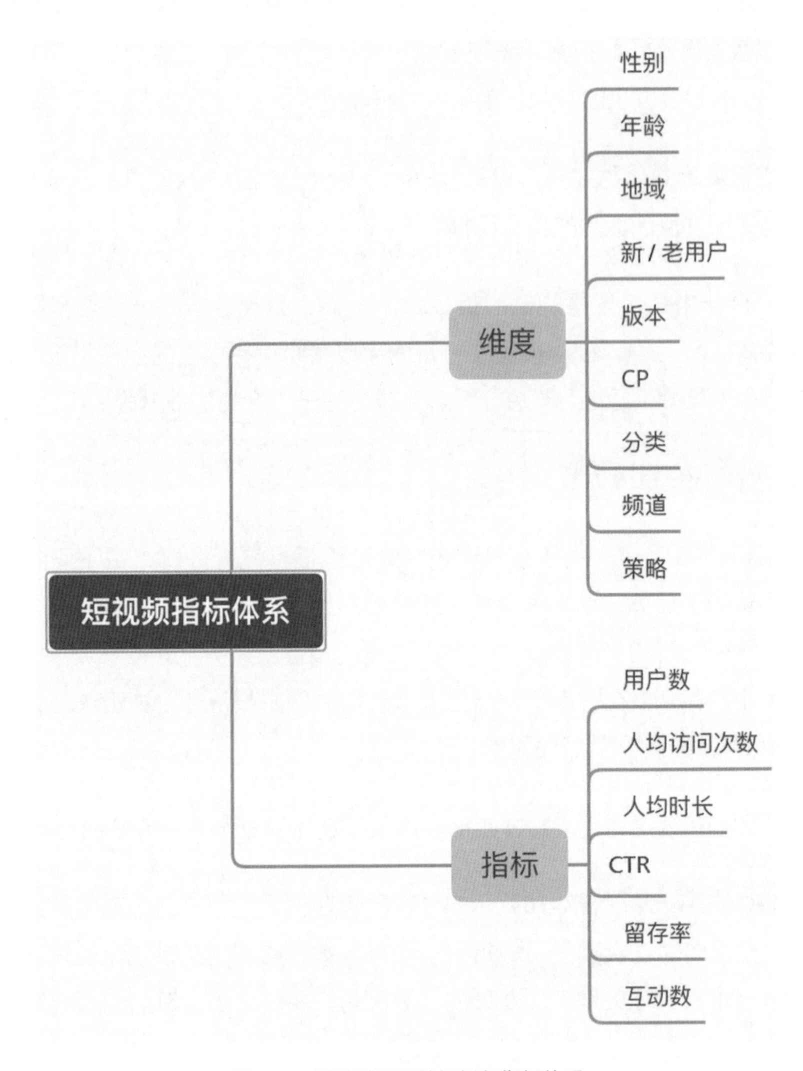


图 1-10　被简单罗列的短视频指标体系

而在人均时长和人均互动次数上，更多的是针对一二级分类、具体频道来拆解，查看这些指标的表现，然后做出相应的运营建议。

当然，这份指标体系存在的问题是没有把月活、时长、互动之间的关系考虑进去，三个一级指标之间有点孤立，同时在逻辑上也有不足，但明显好于被简单罗列的指标体系设计。

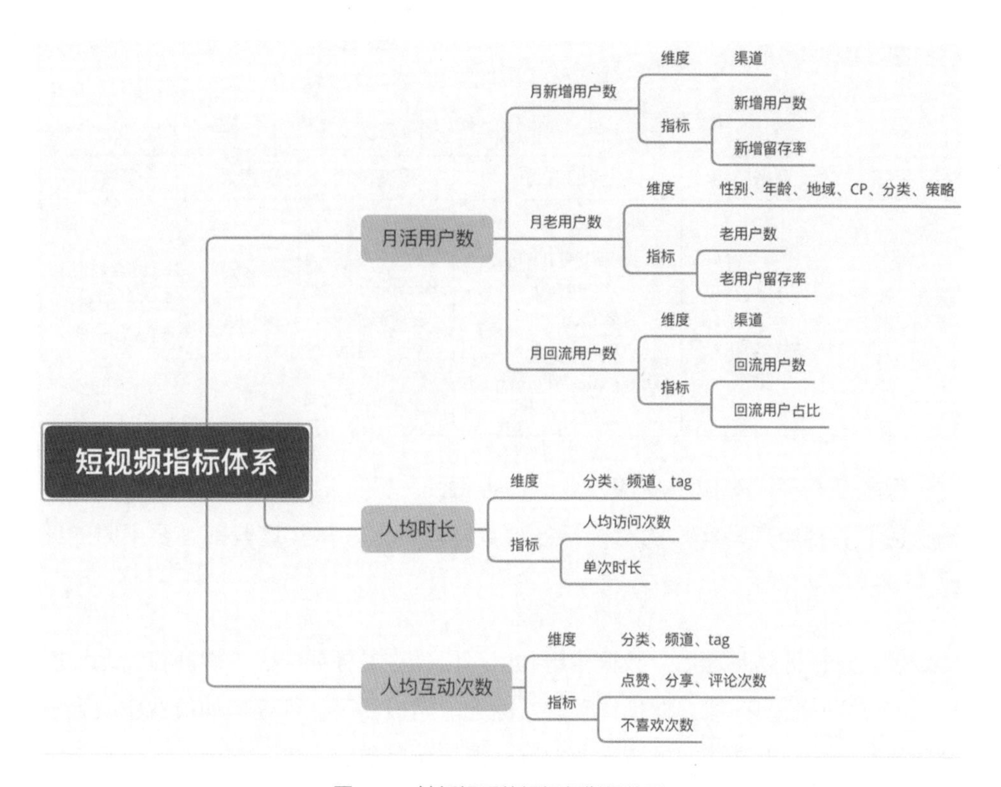


图 1-11　被拆解后的短视频指标体系

只有按照一种可以落地实施的维度来设计指标体系，不求大而全，讲究落地实操性，才是一份好的指标体系。数据分析师要能够讲清楚这份指标体系的逻辑。

#### 4. 指标体系的宣贯、存档、落地

数据分析师根据自己的理解建立的指标体系只是一个初版，要拿着这份原始材料去和业务方沟通并阐述这里面的逻辑（包括指标口径），确认有无问题。实际上这部分工作是不可替代的，双方确认后，由数据分析师给出最终的指标体系和业务口径含义，然后发送给所有业务人员，并将这部分工作进行线上存档，后续无论是新同事还是老同事，都可以以此为准。

以“月活用户数”为例，其指标体系到底是怎样计算的要写得清清楚楚、明

明白白，如表1-1所示。

表 1-1 “月活用户数”指标体系

| 指标 | 业务口径 | 实现方式 | 报表位置 | 负责人 | 备注 |
|---|---|---|---|---|---|
| 月活用户数 | 在自然月中，所有产生交易的用户数手机号排重 | select mouth，count（distinct phone_number）as month_uv from table_a where sales>0 group by month | BI智能分析—基础核心指标—月活 | spring | 2021年1月5日和业务方Davis确认好最终口径 |

很多公司都没有以上步骤，业务口径很乱，只靠口口相传，但是传着传着就出错了。到年底写年报的时候，各种数据对不上，其实这些都需要平时的细致工作。

确认好指标体系之后，数据分析师就可以建立看板或报表，快速查看各种指标了。互联网公司在建立指标体系这方面都非常成熟了，而在其他行业想看到一份基础的报表却很难，如旅游行业很难获得每天有多少人进入园区、用户画像结构是什么；电力行业很难获得每天有多少人办理线上缴纳电费业务、从哪些渠道缴费等。

## 1.4 五大行业的业务目标和指标体系

在正式介绍五大行业之前，所有的数据分析师都可以想象一下日常做的所有工作的最终目标是什么，答案就是商业增长和用户满意度提升。

商业即围绕资金流转的一切活动。数据分析师一定要明确所有的最终目标都是为了商业化。政府和国有企业作为一种公共职能机构以服务满意度为出发点，也在慢慢往商业营收转型。

之前笔者在一家国企工作的时候，部门总经理找我们几个数据分析师聊业务，并问大家现在具体在做什么、为何要做这件事。笔者说了一大堆周报/专题分析，而另外一个同事就说了两个字——营收。而后我们几个数据分析师在公司的发展可想而知。

不同行业在营收上的侧重点也不一样。

有一次笔者在互联网行业的几个同事和新能源汽车行业的分析师聊天的时候，同事A问了一个很有意思的问题：汽车行业应该没有多少用户数吧？那么一点用户，数据分析师能做什么呢？这其实是跨行业造成的不理解。

以金融行业为例，由于单个用户的营收流往往非常大（如理财、存款、贷款、消费金融），因此并不会特别关注用户数的增长，更加关注的是一些优质用户的关系维持，所以银行都会将他们的客户（也就是用户）进行分类。

接下来重点介绍当下五大主流行业的指标体系，可以很明显地看出不同行业的目标和指标体系的差异，也就能更好地理解这些行业日常的运营策略。

### 1.4.1 能源行业的目标和指标体系——以中石化为例

**背景：** 当前能源行业改革，业务由垄断逐步转到非垄断。在垄断期，一方面营收没压力，另外一方面基于用户需求强制要求会员绑定，积累了大量用户。而到非垄断期，行业破局者希望对这些累积用户进行良好的触达和运营，带来收益。以中石化为例，通过线下加油站可以快速积累几亿个用户，随着民营加油站的崛起，如何对这些现有用户进行营销从而保持业务增长，是一个需要重点解决的问题。

（1）目标：通过线上渠道促进油类交易额增长，同时通过油类的销售带动非油类零售即易捷便利店的交易频次。

这里线上渠道包括加油中石化App、易捷商城小程序等，如图1-12和图1-13所示。也就是说，过往都是用户主动来到加油站加油，但随着行业之间竞争加剧，需要通过线上方式触达用户进行更好的营销。

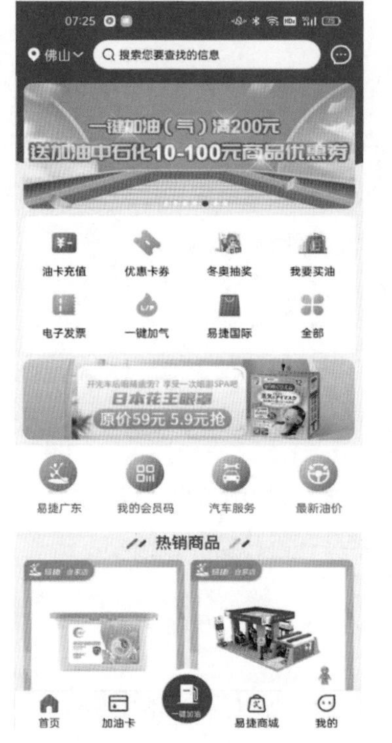


图 1-12　加油中石化 App

图 1-13　易捷商城小程序

（2）一级核心指标：App一键加油业务月交易额（考虑有多种加油方式，如加油卡、一键加油、线下直接加油等，这里以一键加油为例）、易捷商城小程序月交易额。

（3）指标体系—核心指标的维度拆解：在利用公式法做维度拆解的时候，可以有多种方式。

- **按照交易端来拆解。**

一键加油月总交易额=App一键加油月交易额+小程序一键加油月交易额+公众号一键加油月交易额

- **按照新/老用户来拆解。**

一键加油月总交易额=月新增用户一键加油交易额+上月老用户一键加油交易额+月回流用户一键加油交易额

- **按照地域来拆解。**

一键加油月总交易额=重点省份月交易额+非重点省份月交易额

- **按照油品来拆解。**

一键加油月总交易额=92#月交易额+95#月交易额+98#月交易额+其他

而一份比较好的指标体系是把这些点都综合考虑进去，如图1-14所示。

月新增用户交易额：新增用户和渠道、一键加油功能开通率紧密相关，因此在查看指标时要重点关注新增用户从哪个渠道来，同时关注在开通的过程中遇到什么问题、哪里折损比较大，而交易额相对没有那么重要。

上月老用户本月交易额：由于老用户对产品功能已经熟悉，因此老用户和性别、年龄、地域、车品牌、加油站、油品、渠道都可能有关，要查看的维度很多。具体指标如下：

交易额=上月老用户本月仍然交易用户数×人均交易次数×人均单次交易金额

通过对这三个指标的观察，可以看出日常交易额的波动是被哪部分影响的，同时可以确定先优化哪个因子。

月回流用户交易额：回流用户的定义是在过去第一个时间周期活跃，在第二个同样时间周期未活跃，在第三个同样的时间周期又活跃的用户。对于回流用户，要关注的维度和“上月老用户本月交易额”要关注的维度一样，对于回流用户更多的还是考虑用户数的波动。

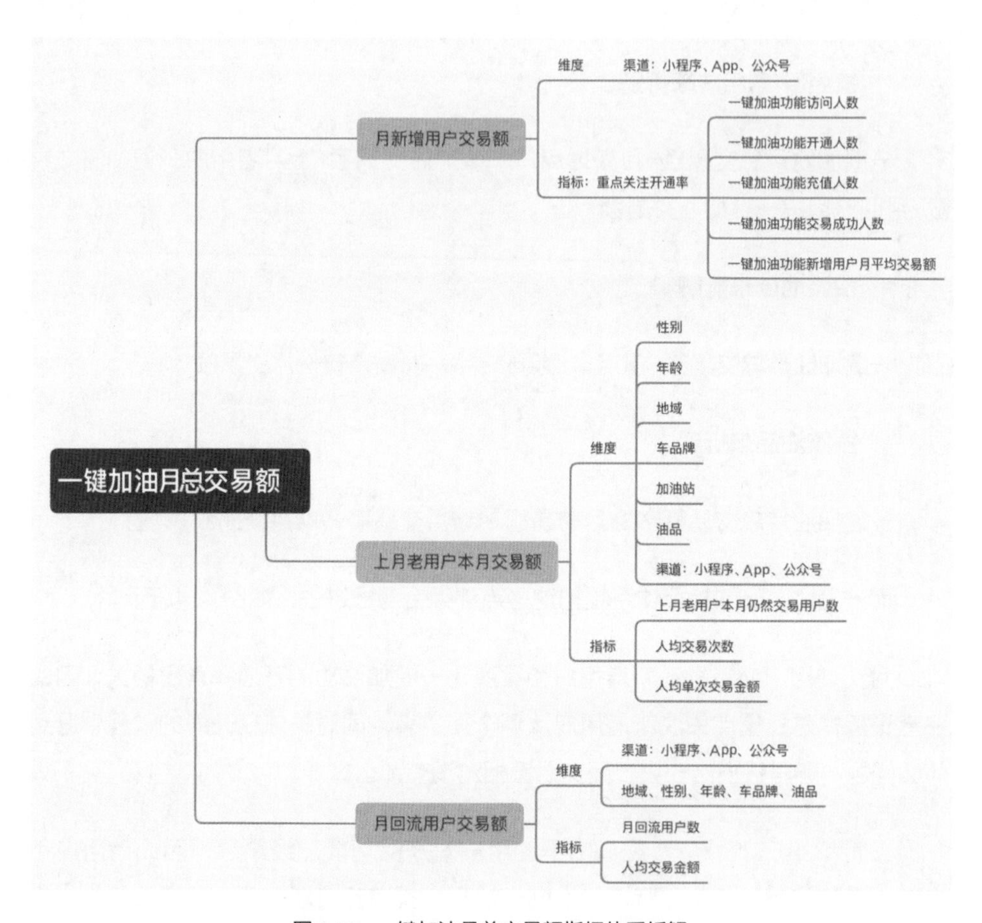


图 1-14　一键加油月总交易额指标体系拆解

（4）指标体系的宣贯。

设计了这样一份指标体系之后，数据分析师可以先去和一键加油业务方核对，做一些调整，然后建立报表，并给出相应的文档说明。

## 1.4.2 政务行业的目标和指标体系——以粤省事为例

**背景：** 政务行业是民生业务，理论上无论是数据量还是质量都应该很好。但实际上因为内部的部门多、系统复杂，自身无开发和运维能力，对用户缺乏了解和数据沉淀，所以在数字化这方面做得并不好。近几年随着政府部门逐步改革，越来越往主动化服务转型，通过对用户更全面的了解，增加服务满意度，进而获得政绩品牌宣传。

以粤省事小程序为例，如图1-15所示。由于覆盖业务众多，因此希望能在服务流程上精简，让用户快速办理完业务，提升服务效率；同时将政府最新政策文件快速触达到目标用户，提升政府数字服务水平。

图1-15 粤省事小程序

（1）目标：更加精准地刻画每天访问粤省事的用户画像，通过用户行为和舆情监控来优化服务体验。

（2）一级核心指标：用户画像综合指标和产品体验综合指标。前面说过，并不是所有的业务都有北极星指标，因此一级核心指标也可以是一个综合指标。

（3）指标体系拆解。

这里用模块法做指标体系拆解，如图1-16所示。

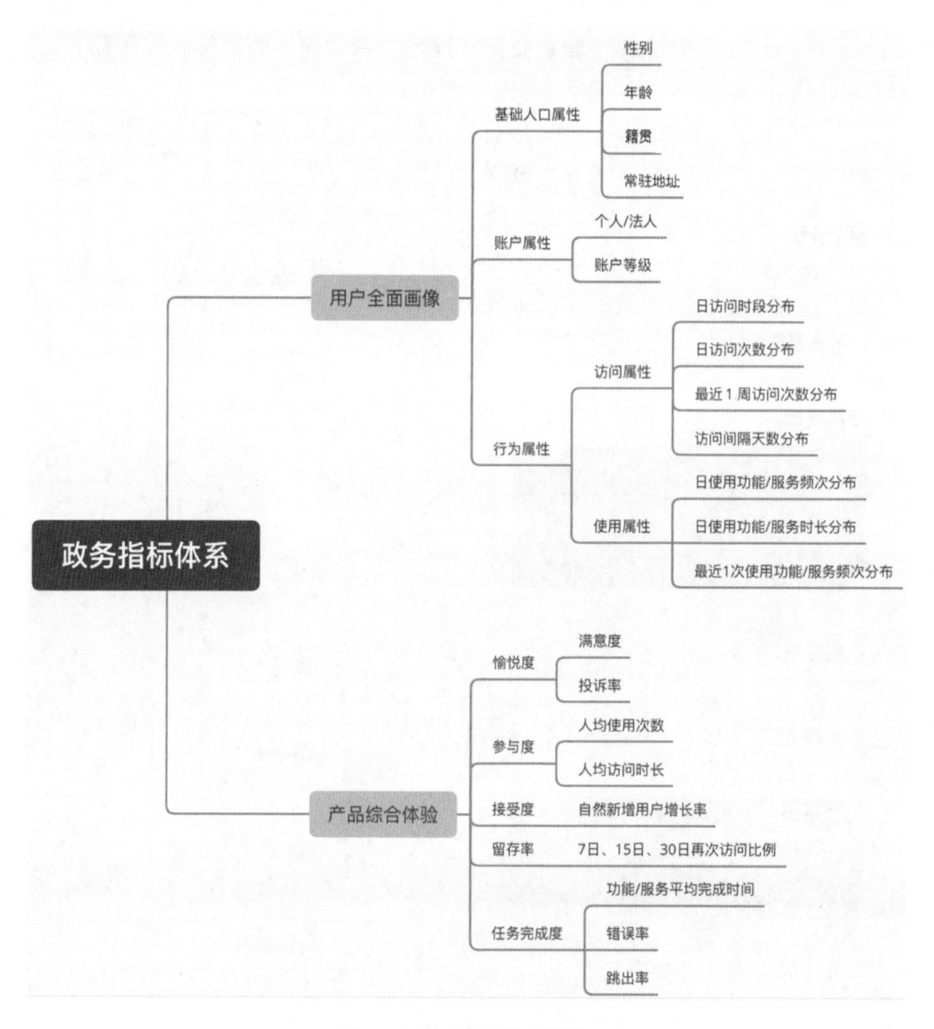


图 1-16　政务指标体系拆解

用户全面画像包括基础人口属性、账户属性、行为属性三部分。

基础人口属性和账户属性比较好理解，行为属性是描述用户在粤省事小程序内做了什么，包括访问频次、使用的功能等。通过这些指标，可以形成一张可视化大屏，能够很好地观察用户长什么样子、进入App做了什么。

产品综合体验包括愉悦度、参与度、接受度、留存率和任务完成度，这里借鉴了Google的产品体验指标分析。其中，愉悦度包括用户的满意度和投诉率；参与度是用户在整体使用中的次数和时长；接受度是通过自然新增用户来查看产品市场的接受情况；留存率是看用户后续的使用黏性；任务完成度是具体功能/服务办完所用的时长，同时通过错误率和跳出率帮助分析。

### 1.4.3 金融行业的目标和指标体系——以建行 App 为例

**背景：**金融行业有巨大的资金流，在用户数上也有明显的规模效应。此前依靠丰富的产品种类和完美的商业模式，处于持续躺赢阶段。近年来，随着行业改革冲击，营收额和用户数下降明显，整个行业开始关注用户运营，对用户进行VIP分层运营，实现营收增长。另外，金融行业最关注风险控制，存款、理财、基金、股票、借贷、消费金融、保险这些产品都需要对C端个人用户和B端企业客户进行风控评估，以降低整体坏账率，保持可持续发展。下面以建行App为例进行讲解，如图1-17所示。

（1）目标：设计用户体系并分层运营，提升账户资金池，同时对用户进行风险控制，降低产品坏账率。

（2）一级核心指标：用户账户交易额和坏账率。

（3）指标体系拆解。

图 1-17　建行 App 界面

这里从账户交易额和坏账率两条业务线来拆解指标体系，如图1-18所示。

账户交易额：从账户基本信息、账户价值、账户偏好、基础指标和业务指标对账户交易额进行观察，能够很好地了解大盘用户的等级分布及日常业务结构。

坏账率：除观察日常坏账率的金额、趋势、比例外，还可以从信用评级角度去预测哪些企业/个人将产生坏账，从而控制授信风险。

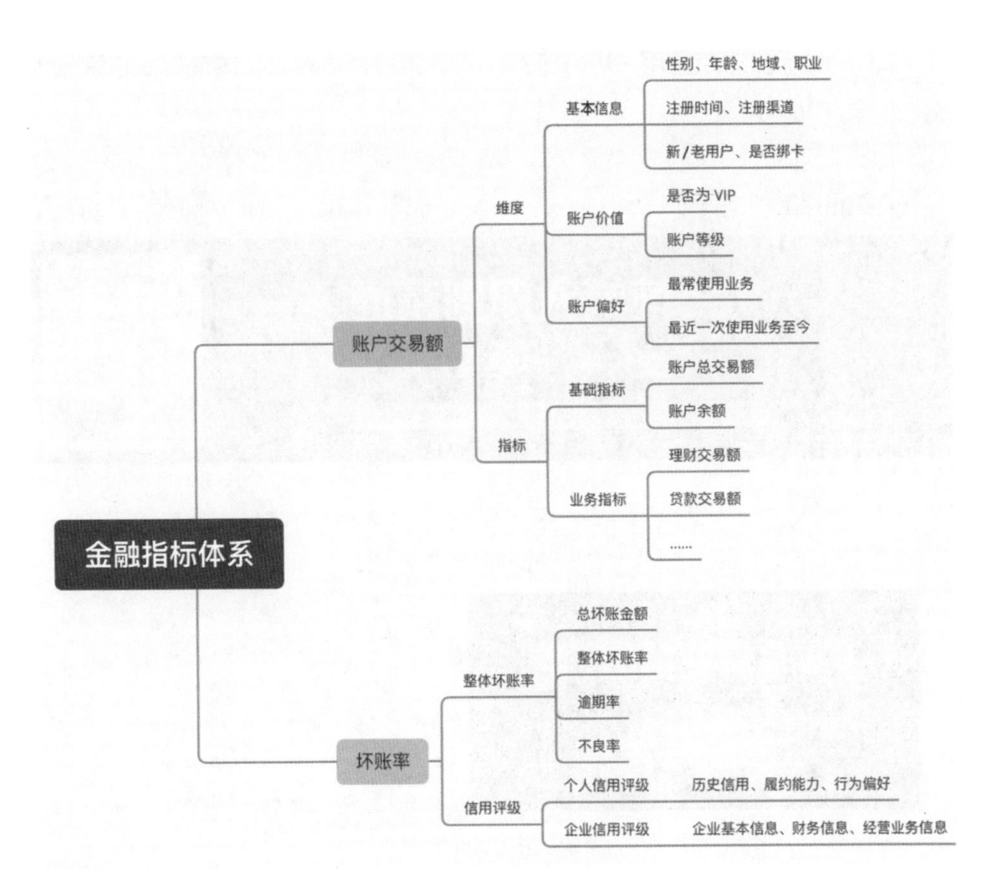


图 1-18　金融指标体系拆解

## 1.4.4　教育行业的目标和指标体系——以腾讯课堂为例

**背景：** 整个教育行业最大的问题是付费率低，基本上都是靠低价或免费吸引用户，一旦到真实付费阶段，由于课程短期效果不明显、价格高，用户往往都会犹豫。同时，对于新型创业公司，一方面需要在存量用户中找到精准目标用户，另一方面需要做口碑、三方评价、学员案例，这些都需要巨大的运营成本，对资金本身要求很高。以腾讯课堂为例，一方面关注用户购买课程，特别是新用户购买课程，另一方面要让每个付费学员多消耗课程、多花时间，然后给出好的满意度评分。

（1）目标：对存量用户进行运营，引导用户付费转化。下面以腾讯课堂为例，如图1-19所示。

图 1-19　腾讯课堂

（2）一级核心指标：付费用户数、课程完课率、用户满意度。

除关注付费用户数这个结果指标外，还需要通过对付费用户的课程完课率和用户满意度来优化课程，进一步提升用户付费意愿。

（3）教育指标体系拆解如图1-20所示。

付费用户数：更多的是分析付费用户的基本属性和用户对哪些课程付费。

课程完课率：需要分析具体课程的完课率及学习时长，一方面完课率可以评价课程质量，另外一方面也反映用户主动学习程度。通过提升该指标，能够很好地带来用户黏性的增长。

用户满意度：从用户主动评分的角度更加准确地评价课程质量，根据评分可以指导后续课程的推荐策略。

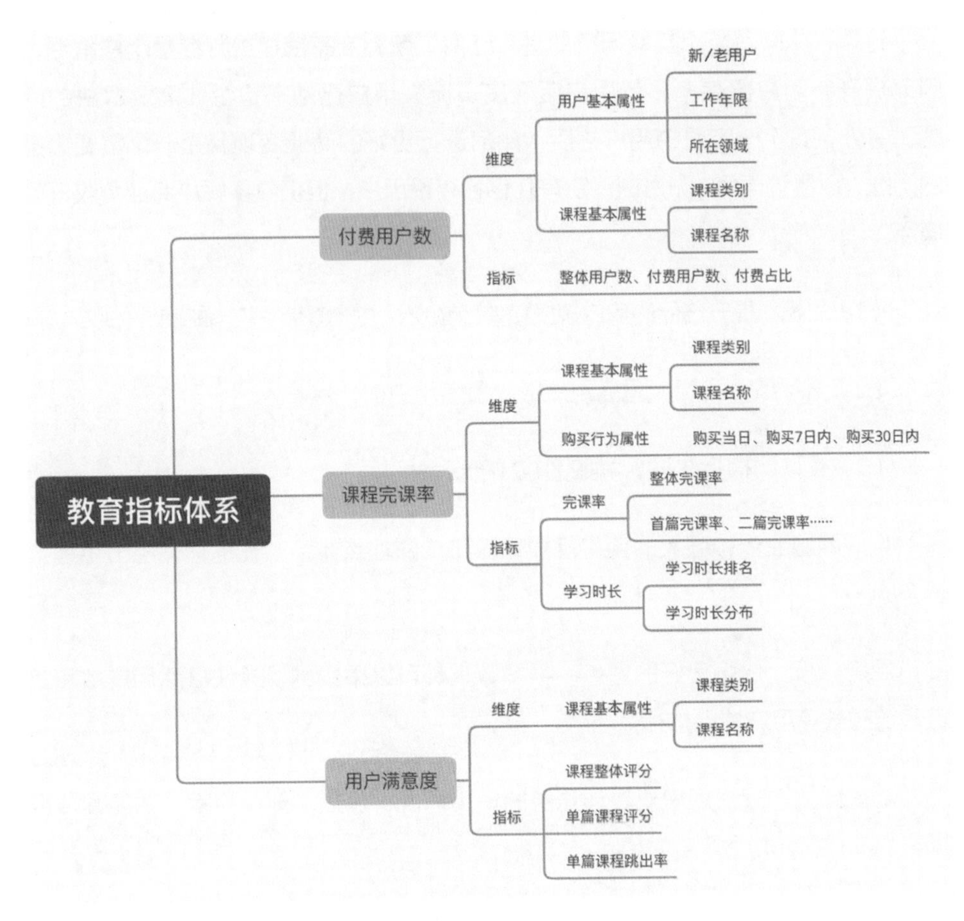


图 1-20 教育指标体系拆解

## 1.4.5 互联网行业的目标和指标体系

**背景：** 互联网是受众面最广的一个行业，很多没有在互联网行业工作过的人会非常好奇，想进入这个行业来做数据分析。确实，如果从用户规模和数据量来说，可以做的事情有很多。之前笔者和一个话剧行业的数据分析师聊天，他最难受的就是没什么数据，想做点事很难。互联网行业的大部分产品都是免费使用的，因此一定要有用户规模效应才能进行商业变现。

近年来，随着整个互联网行业进入红海，所有商家都在进行存量用户争夺，因此提升新用户留存率、老用户活跃度、流失用户召回率是企业需要解决的问题。另外，有了一定量的用户之后，如何进行更好的商业变现又是一个需要思考的问题。以墨迹天气App为例，它有几亿名存量用户，但仍然要解决商业营收低的痛点。

（1）目标：提升产品的用户规模和使用频次，并能够带来较高的商业化收入。

（2）一级核心指标：月活用户数、日活用户数、月收入。

（3）互联网指标体系拆解如图1-21所示。

互联网行业依赖强大的用户规模效应和成熟埋点体系，在指标体系上也是最复杂的。

用户分析：依赖良好的埋点，很多数据都可以采集到，关注日活用户数和留存率、时长等用户体验指标。

功能分析：分析用户对具体功能的使用情况，包括功能留存率、功能漏斗数据。

渠道分析：将渠道作为单独的一个方向来分析，重点是关注渠道的质量和作弊情况。

商业化分析：商业化在互联网行业非常重要，要关注收入构成、ARPU（用户平均收入）这些关键指标。

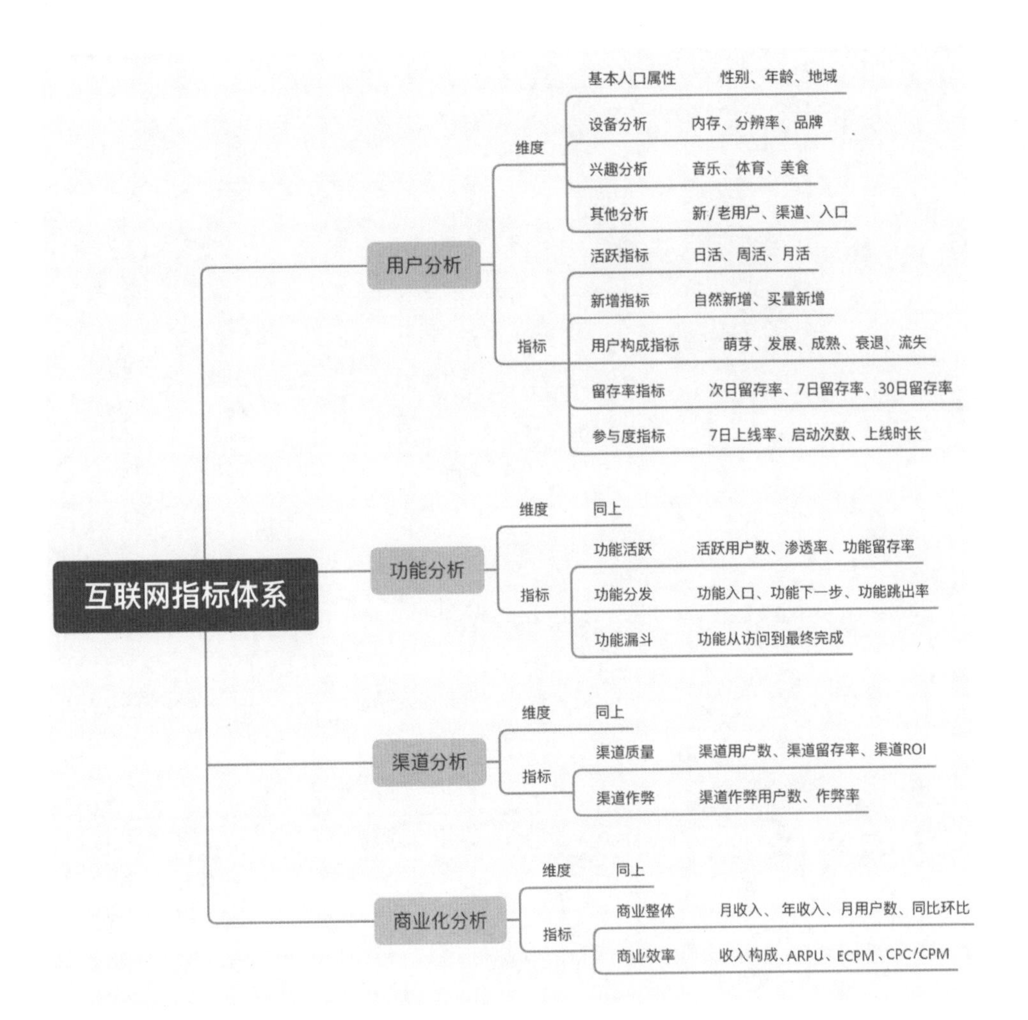


图 1-21 互联网指标体系拆解

# 第2章
# Chapter 2

## 良好的目标拆解能够让分析事半功倍

在第1章我们学习了业务目标的定义、流程和价值，以及基于业务目标的指标定义和指标体系建立，而这也仅仅是让读者明白了目标是必须进行指标的拆解才是有意义的和可执行的。

比如，在讲到“互联网行业的目标和指标体系”时，目标是“提升产品的用户规模和使用频次，并能够带来较高的商业化收入”，为了达成这个业务目标，根据行业特性将业务目标拆解成如下指标体系，包括用户分析、渠道分析、功能分析、商业化分析。那么，具体是怎样拆解的？是简单的指标罗列或头脑风暴直接定义吗？还是需要遵循一定的法则？有没有一些好的目标拆解方法呢？

这便是本章要介绍的内容，首先介绍目标拆解的核心法则，然后介绍三种经典的目标拆解方法，以便让读者理解良好的目标拆解才能够让分析事半功倍。

## 2.1 目标拆解的核心法则

相信大多数读者都听过这个问题：如何把一头大象装进冰箱？答案是，第一步打开冰箱；第二步把大象装进去；第三步关上冰箱。我们先不考虑问题处理的可行性，这就是典型的问题拆解。也就是对于问题“把大象装进冰箱”进行拆解，要解决这个问题，每一步需要怎么做、按照什么顺序进行。

在对问题进行拆解的时候，比较考验人们的逻辑思维，问题的拆解需要涵盖各个方面，且需要符合不重不漏的原则。就像我们平时看的刑侦影视剧的破案过程，以案件为中心，根据各个人物的关系进行关联推敲，就是问题拆解的过程。只有掌握了问题的内在逻辑和规律，才能达到庖丁解牛的熟练程度，见招拆招。而这个不重不漏的原则，就是目标拆解的核心法则——MECE法则。

### 2.1.1 MECE 法则是什么

MECE（Mutually Exclusive Collectively Exhaustive，相互独立、完全穷尽）法则，也叫作MECE分析法，是麦肯锡公司的咨询顾问芭芭拉·明托在金字塔原理中提出的一个重要原则。MECE的关键点是完整性、独立性，也就是在对问题进行拆解分类的时候，需要依据不重叠、不遗漏的原则，精准地把握问题的核心。我们在进行问题定义的时候，要通过逐步分解的方法把问题的所有要素定义清楚，而这些要素不能交叉冗余。

当我们分析问题或对复杂事物进行分门别类时，往往会用到MECE法则。它能有效帮助我们对问题进行结构化分析，或者对事物进行归类分组，避免因思维混乱而出现重叠或遗漏的逻辑问题。例如，把公司员工分成男同事和女同事，就做到了“相互独立、完全穷尽”，符合MECE法则；而如果把餐馆中的顾客分成店内用餐和叫外卖，则会出现遗漏，因为顾客可能是来做咨询的或有其他事宜；如果将四边形分成正方形、长方形、矩形，则会出现重叠或遗漏，因为长方形属于矩形，并且平行四边形也是四边形。

下面举一个简单的例子，让读者对MECE法则的穷尽和独立原则有一个直观的认识。

在生活场景中，如何遵循MECE原则解决搬家问题呢?

假如你请了一家搬家公司帮忙搬家，你家小区物业要求货车从车库进去再用货梯送上楼。因为家具和行李较多，物品装满货车之后，货车的高度达到了2.1米，而小区的车库限高2米，那么应该怎样进入小区并把物品搬上楼呢?

我们应用MECE法则解决该问题，其实就是解决一个核心问题：进不进车库?

我们看如图2-1所示的问题拆解。

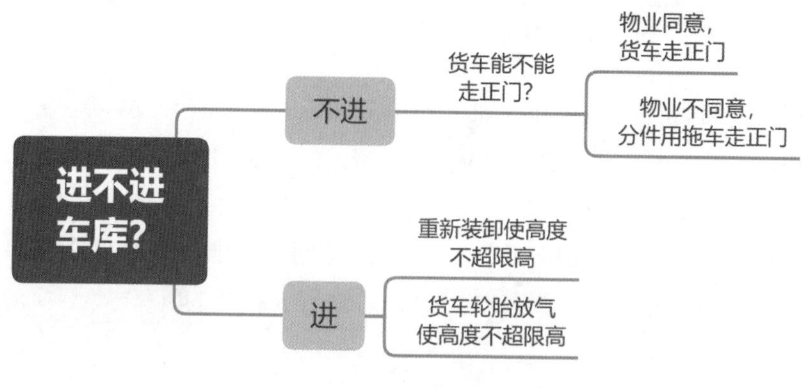


图 2-1　问题拆解

- “进”与“不进”是相互独立的，不会重叠或遗漏，相当于硬币的正反面。
- 如果“不进”车库，那么可以思考一个新的问题：是否可以走正门？按照MECE法则，同样可以往下拆解，即物业同意走正门或不同意走正门，对应这两种结构分别可以采取怎样的解决方案。如果物业同意走正门，那么在什么时间走正门最合适？也可以延伸出新的问题，最终落实到最小的颗粒度来执行。
- 如果“进”车库，分别可以采取怎样的解决方案使货车高度不超限高，可以拆解成“重新装卸”和“货车轮胎放气”两种方案，每种方案又有新的问题需要拆解，最终拆解到最小的颗粒度来执行。

## 2.1.2　如何做到完全穷尽和相互独立

既然MECE法则是完全穷尽、相互独立的，那么如何才能做到穷尽和不重叠呢？

假如你在路上遇到了小明，需要对小明这个人进行详细的定义，该怎样定义呢？也就是小明这个人要按照什么维度进行拆解呢？我们可能很容易想到很多维度，比如小明的基本信息（性别、年龄等）、家庭信息（籍贯、居住地址等）、职业信息、兴趣爱好、学习经历、专业技能、朋友圈和个人习惯。同理，如果你在森林里看到一株不认识的植物，该如何对这株植物进行定义呢?我们可能先想到这株植物属于哪一门、哪一纲，然后看植物的叶子形状、颜色、大小，以及生长的环境等。通过小明和植物这两个问题，可以触发的思考是：我们在对事物进行定义的时候，分解的基本思路首先由特殊个性想到抽象共性的概念，然后以抽象共性的事物所具备的普遍维度来对特殊个性事物进行分解。

共性的分解是很难真正做到完全穷尽的，只能说是一个大的总体维度覆盖。如果我们分析小明的个人习惯的时候主要是分析其出行方面的内容，那么小明的出行习惯就需要补充进来。当第一层到第二层的分解没有任何问题后，便可以在个人习惯这个维度下面进一步分解出行习惯。 可理解为从特殊个性抽象成共性事物的大框架，再由特殊个性的各个特点去完善各个分支细节，最终形成一个完整的完全穷尽的树状结构。

**1. 如何做到完全穷尽**

做到完全穷尽有以下两个方法。

（1）第一层和第二层的拆解非常重要，要保证这两层的拆解是完全穷尽的，否则会影响后面层级的拆解。

完全穷尽拆解的思路，其中一个重点就是第一层和第二层如何进行分解，而我们往往在对一个事物进行拆解的时候，都是先对前面两层进行分类，那么先按照哪个分类进行拆解就是要重点考虑的问题了。比如，一个玩具首先被拆解为内部和外部，还是首先被拆解为上面和下面，会有不同的结果。在进行项目管理的时候，对于一个项目，我们首先按项目过程阶段进行拆解，还是首先按工作模块进行拆解，也大有不同。因此，前两层的拆解是非常重要的，必须依据问题关注的核心目标确定拆解方法，如果主要关注项目进度，那么肯定先按过程阶段进行拆解；如果主要关注项目成本，那么先按照工作模块进行拆解。这就是本质差别。

（2）参照权威的研究和方法，先对问题进行完整的剖析，才能拆解穷尽。

除明确完全穷尽的拆解思路外，在检验完全穷尽时，必须基于对抽象事物的完整了解，前人已经对抽象事物进行了大量的研究并形成了大量的拆解结构方法和模板，可以进行参考，站在巨人的肩膀上才能看得更远更高，单靠自己瞎想是没有办法完全穷尽的。如果你拆解一只羊的时候少了一条腿是很容易被发现的，但是少了一个内脏器官或血管细胞却是发现不了的。除非对动物解剖有完整的了解和研究，否则是不可能完全穷尽的，那么就需要依赖前人所积累的方法和知识。很多时候之所以做不到完全穷尽，就是因为对该行业不够了解。

**【问题】某游戏公司应该如何提升利润？**

如果没有应用以上两个方法，可能有的读者就会把所有的时间花在讨论如何增加公司游戏内付费收入上，多数情况下会忘记讨论如何减少成本和如何增加公司的其他部分收入，比如广告的收入，或者忘记去讨论其他潜在的利润来源。

如果应用以上两种方法进行问题拆解，就可以分为下面几个步骤，如图2-2所示。

- 第一层，先拆分该游戏公司的利润来源，拆解为现有业务和未来拓展业务两个部分。
- 第二层，一方面分析现有业务的利润来源，包括游戏内付费收入、游戏内广告收入、其他广告收入和增值收入等几个部分；另一方面分析未来可拓展业务的方向和预计利润。

注意：保证第一层和第二层的拆解方向是完整的，才能继续往下拆解。

- 第三层，分别检视现有业务板块的收入提升、成本降低的举措和方法，进行下一步的拆解。

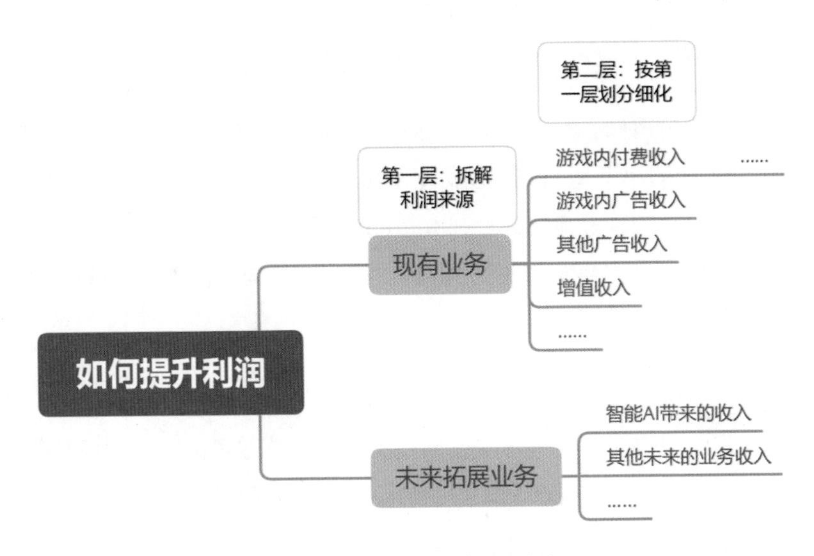


图 2-2 “如何提升利润”问题拆解

- 如果还要分析得更为细致，可以参照更多的提升利润的资料或一切科学的研究方法，然后补充到第四层中。

运用前文所述的两个方法，可以保证完全穷尽。

### 2. 如何做到相互独立

最重要的方法便是必须在同一个层次/维度/属性/类别上进行拆解。

前面讲完了拆分，再来讲解相互独立的问题。对于人这个个体，按照性别可以拆解为男人和女人，而不是男人和年轻人；按照身体结构可以拆解为上肢和下肢，而不是上肢和内部。这句话很容易理解，保证各维度相互独立的一个关键要素是必须在同一个层次进行拆解，必须是同一个类别而不是多个类别的混合。男、女是按性别这个类别拆解的，是同一类；老年人、中年人、青年人、少年和儿童是按年龄属性拆解的。类别可以完善但是不能混合，如果男、女还不能满足，则增加中性人；若上、下还不能满足，就改为上、中、下，但仍然保证是同一个类别。只要有这个基本思路，我们在拆解过程中就不容易出现相互交叉和融合的问题了。

**【问题】如何对某App用户进行分群？**

在做某用户分群时，有些人会将用户简单地分为以下4种：18~24岁的高校大学生，20~30岁喜爱小资情调的年轻女性，20~35岁有海外留学背景的白领，30~40岁有孩子的用户。这种分类方式存在大量的重复，而且也有遗漏的地方。比如，20~30岁喜爱小资情调的年轻女性跟18~24岁的高校大学生、20~35岁有海外留学背景的白领有人群的重合。

怎样才能做到不重不漏呢？一般会根据人群的一些特征，比如年龄、地理位置、性别、职业、收入水平等维度去划分。不过在选取具体用哪种特征去划分人群的时候，需要结合市场或产品本身的特征考虑。如果按照年龄划分，那么可以分成18岁以下、18~24岁、25~45岁、45岁以上。如果按照是否参加工作的维度划分，那么可以分成学生、已毕业且参加工作、已毕业且失业。这样才能保证各个维度拆解之后是相互独立、不重复的，如图2-3所示。

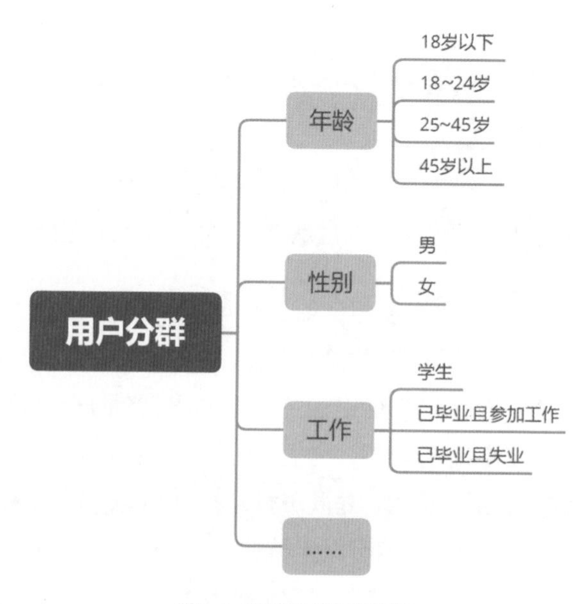


图 2-3　用户分群问题拆解

### 2.1.3　MECE 法则实践案例

下面举几个不同场景下应用MECE法则的案例，使读者加深对“不重叠、不遗漏”特征的理解。

（1）在游戏场景中，遵循MECE法则对某游戏用户进行分群分析。

在对某游戏用户进行分群分析之前，需要梳理我们手头上到底有什么数据、数据是否可用、数据质量如何、数据获取难度的高低。不同类型的产品拥有的原始数据均不一样，例如游戏产品涉及的原始数据可以拆分为图2-4所示的几个方面。

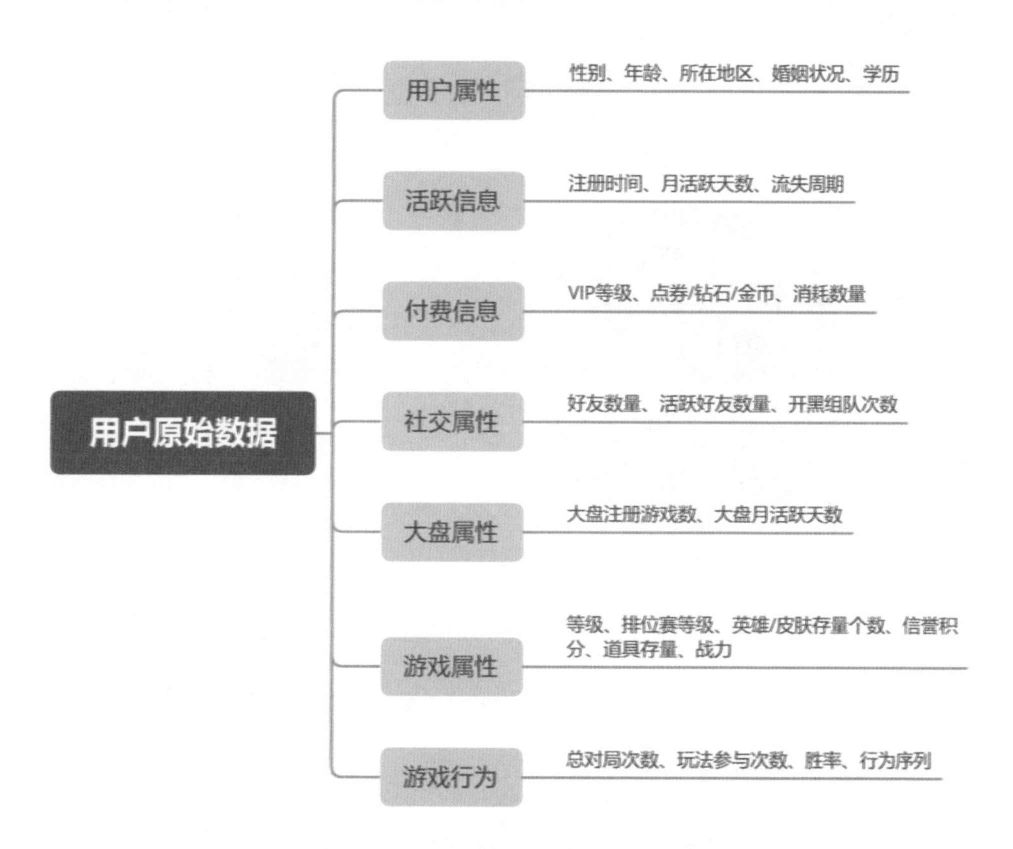


图 2-4　游戏产品涉及的用户原始数据拆分

其中，用户属性、活跃信息、付费信息、社交属性这几项属于通用特征，不同类型的产品基本上都会覆盖到。金融领域的产品，还有资产负债信息、风险信息等；电商领域的产品，还可能会补充商户信息、用户评价信息、搜索信息等。

在获取原始数据之后，下一步工作就是用户分群，目的是有效地区分用户。用户分群要符合MECE法则，即相互独立、完全穷尽。

- **按单指标划分进行用户分群**

例如按生命周期划分，可以分为新注册用户、活跃用户、流失用户、回流用户等。流失用户按流失周期划分，又可以细分为流失7天、流失14天及长期流失等，如图2-5所示。这种划分方式符合MECE法则的相互独立、完全穷尽原则。

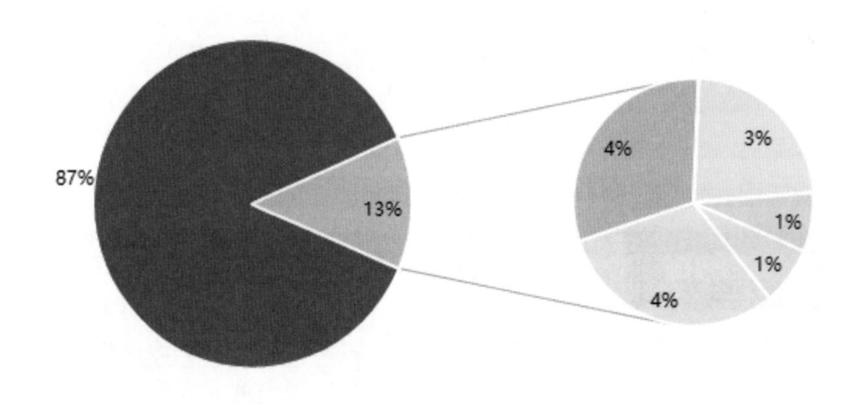


图 2-5　流失用户分布图

- **按多指标划分进行用户分群**

按多指标划分较为常用的模型是RFM模型，提取与用户付费相关的三个核心指标：消费金额（Monetary）、消费频率（Frequency）、最近一次消费时间（Recency）。构造一个三维的坐标系，可以把用户分为8个群体，分别为重要挽留客户、重要发展客户、重要价值客户、重要保持客户、一般挽留客户、一般发展客户、一般价值客户、一般保持客户。这种划分方式同样符合MECE法则的相互独立、完全穷尽原则。

（2）在金融场景中，遵循MECE法则对金融理财用户构建用户画像。

在构建用户画像时，先要了解用户特征，也就是具体单个用户的年龄、性别、婚育情况等，即详细的个人身份特征；然后根据用户特征对用户进行标签的构建，即特征提炼，如年龄18岁则提炼为22岁以下、生育1个孩子则提炼为已育；最后根据标签进行用户画像的刻画，对应年龄22岁以下可定义为学生，年龄23~30岁且已育可定义为新手爸妈。当我们在用数据标签构建用户画像时，数据标签的构建同样要遵循MECE法则。标签体系构建是用户画像中最核心的一环，数据标签化后，结合金融理财场景，可以从基本信息、持仓状态、用户行为、用户价值、金融兴趣、理财偏好和营销服务7大维度进行金融理财用户画像体系的构建，具体可细分到小项进一步优化，目前基本信息、持仓状态、用户行为、用户价值是已经建设得较为成熟的模块，理财偏好和金融兴趣是正在重点建设的标签模块，如图2-6所示。

通过以上对MECE法则的概念和实践案例的学习，遵循MECE法则拆解的基本法则和实践思路就清楚了。但是要注意，当前的结构化思维已经是思维的基础方法了，对于非结构化思维方法往往是一种后续发展思路。按MECE法则分解只是进行完整问题定义的基础，离问题分析和解决还差得很远，特别是在面对复杂问题的时候，虽然分解的过程是完整和相互独立的，但是最终分解完成后的分解要素之间是相互影响的，这是一个复杂的网状结构，早就打破了传统MECE法则分解的简单树状结构。MECE分解偏静态分析，而各要素之间有关联依赖和影响，所以分析的路线又是动态的，动态加静态结合的分析才是完整的分析，由要素间相互影响和作用形成的动态平衡架构则是我们需要的系统思维。如以上金融理财的例子，便是网状结构的很好说明，“持仓状态”决定了“金融兴趣”和“理财偏好”，而这些分类又更好地给“营销服务”提供了很好的指导。

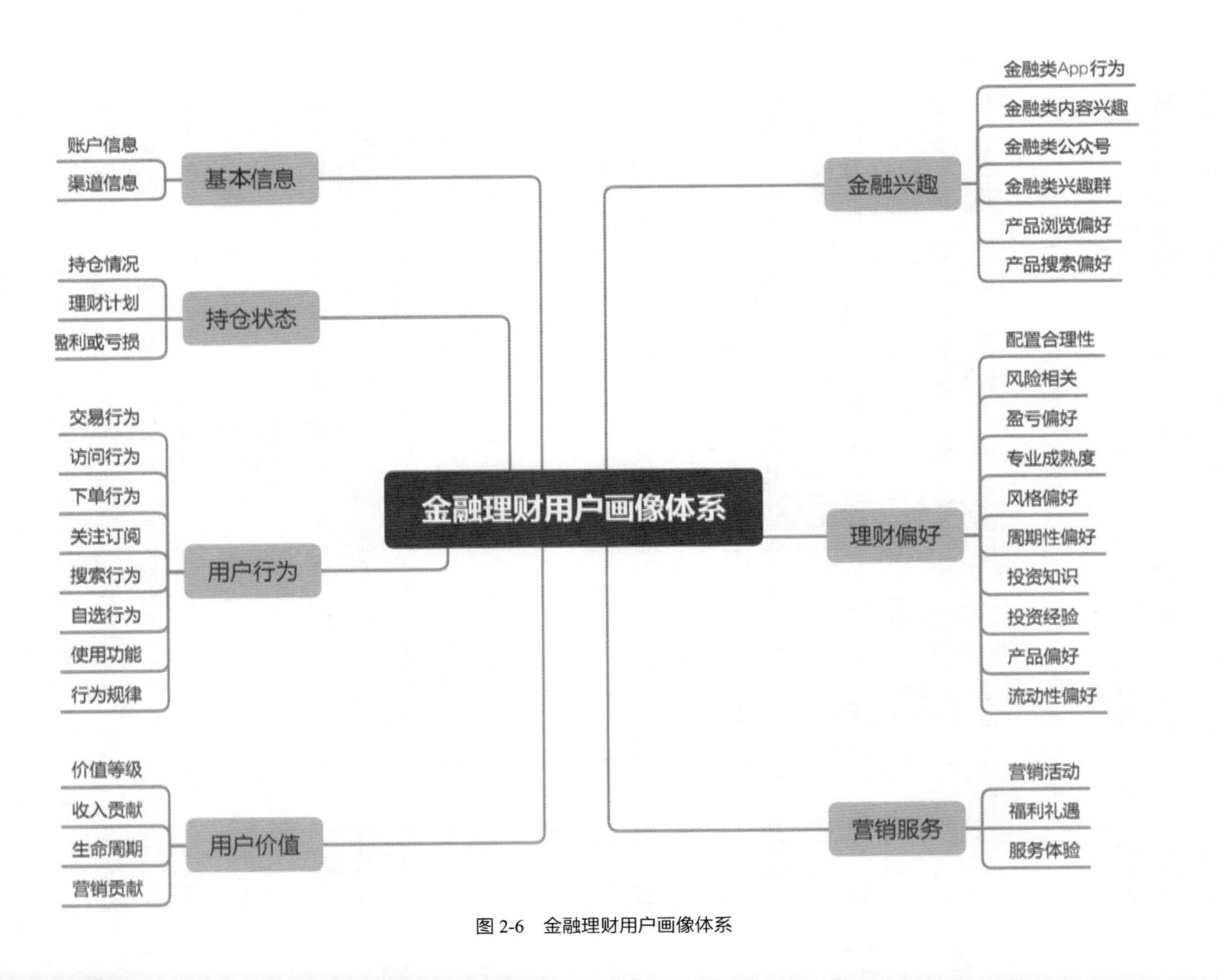


图 2-6 金融理财用户画像体系

# 2.2　利用公式法进行拆解

在了解了目标拆解的核心法则，也就是MECE法则之后，接下来介绍第一种拆解的方法——公式法。

## 2.2.1　公式法的定义

**提到公式，本质上是指数学公式。众所周知，**数学公式是人们在研究自然界物与物之间的关系时发现的一些联系，并通过一定的方式表达出来的一种方法。它反映了事物内部和外部的关系，是从一种事物到达另一种事物的依据，使我们更好地理解事物的本质和内涵。所以，**万物皆可公式化。**

下面通过几个案例的分析，让读者对应用公式法进行问题的拆解有一个直观的认识。

## 2.2.2　生活中的问题用公式法拆解

下面举一个身边的例子来说明即使是生活中遇到的问题，也能用公式法进行拆解。

**【问题】如何吸引异性的关注?**

我们可以先列举一下影响异性关注的因素。当然，这些影响的因素大多是属于自身内在层面的。那么，组成这些内在层面的元素又有哪些呢? 哪些因素是可以改变的呢? 比如个人形象的优劣等。

因此，可以用公式法给这个问题做拆解，如图2-7所示。

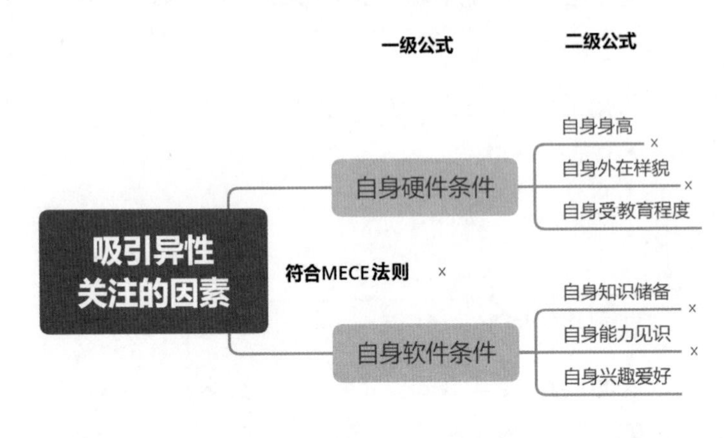


图 2-7 “如何吸引异性的关注”问题拆解

一级公式：吸引异性关注的因素=自身硬件条件×自身软件条件。

二级公式：二级公式有以下两个。

（1）自身硬件条件=自身身高×自身外在样貌×自身受教育程度。

自身身高：身高一般在成年之后就固定了，属于硬件方面不可更改的条件之一。那么，有什么方法可以让自己看起来更加挺拔？比如挺胸收腹，可以让自己更加自信；借助外部道具，比如使用内增高鞋垫，也不失为一种方法。

自身外在样貌：外在样貌，除脸型外，还包括体型、肤色等。对于脸型，可以通过化妆让五官轮廓更加精致；而在体型方面，可以通过健身来改变，让自身体型更加壮硕或匀称；还可以学习肤色管理等。

自身受教育程度：即学历程度。如果觉得自身学历不高，可以通过学习和考试让自己的学历再上一个台阶。

（2）自身软件条件=自身知识储备×自身能力见识×自身兴趣爱好。

自身知识储备/自身能力见识：这两个软件条件是拉开人与人之间差距的关键因素，也是我们俗称的气质。气质的提升靠长期的积累，可以通过读书增加自身的见识和阅历，让人一看便觉得睿智和有魅力。

自身兴趣爱好：兴趣爱好往往是最能给人加分的。能歌善舞、擅长琴棋书画、才华横溢的人往往都是大家羡慕和最想结交的人，自然也会吸引更多异性的目光。

以上这个例子的问题，我们就是利用公式法进行拆解的。在日常生活中，对于遇到的复杂问题，只要分解并找到最小颗粒度的因素，每个问题、每件事都能公式化。

## 2.2.3 销售中的问题用公式法拆解

**【问题】在早上时间段卖拉肠，预估每天能赚多少钱？**

在早上上班的途中，我们经常会看到一些早餐小摊，你有没有想过，他们每天能赚多少钱？而且售卖时间就集中在早上的3~4个小时，“性价比”如何？

对于这个问题，有一个前提条件：作为兼职工作，摊主打算只在每天早上的6~10点卖拉肠。

运用公式法对该问题进行拆解，如图2-8所示。先假设有这样的公式：每天卖拉肠的净利润=每天卖拉肠的收入−每天卖拉肠的成本。

再进一步进行拆解：

（1）每天卖拉肠的收入=1份拉肠的平均单价×每天卖出的拉肠数量。

每天卖出的拉肠数量=1小时卖出的拉肠数量×每天卖4小时（6~10点）。

1小时卖出的拉肠数量：假如1个蒸笼可同时蒸2份拉肠，加上空笼等待时间，平均同时蒸2份拉肠的时间大约为5分钟，且不管什么季节、什么天气，1小时平均能卖24份拉肠。

1份拉肠的平均单价：因为拉肠的种类较多，有纯肉肠的、有纯蛋肠的，还有加肉加蛋加粉的，按照1个拉肠平均5元计算。

那么，每天卖拉肠的收入=5 × 24 × 4=480（元）。

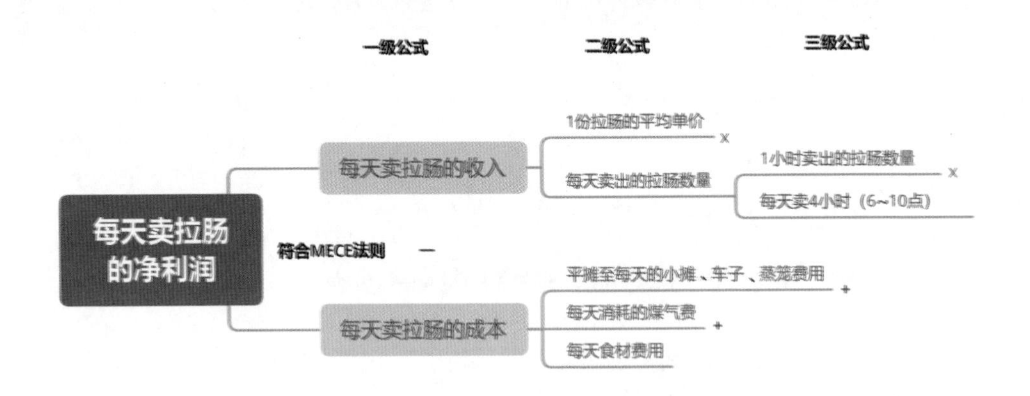


图 2-8 “每天卖拉肠的净利润”问题拆解

（2）每天卖拉肠的成本=平摊至每天的小摊、车子、蒸笼费用+每天消耗的煤气费+每天食材费用。

平摊至每天的小摊、车子、蒸笼费用：按照每月30天进行平摊，总固定成本为600元，平摊至每天为20元。

每天消耗的煤气费：按照每天花费3元计算。

每天食材费用：按照1份肠粉成本1元计算，总食材成本为24 × 4 × 1=96元。

那么，每天的成本=20+3+96=119（元）。

所以，早上时间段卖拉肠，每天的净利润为480−119=361（元）。

早上4小时，便能净赚361元，如果风雨无阻，那么一个月也能净赚1万多元了。你是不是也有点心动了呢?

以上两个例子，让我们很清晰地知道了公式法在问题拆解中的应用，而且也遵循了MECE法则，保证不重不漏。其实，在数据分析和运营的过程中，用公式法对问题进行拆解也是随处可见、屡试不爽的。

## 2.2.4　互联网中的问题用公式法拆解

**【问题】如何分析某清理App 9月流失用户增多的原因?**

在许多互联网团队里，用户流失是一个很常见的问题。很多团队一边使出浑身解数拼命投入资源和成本发展新用户，另一边却源源不断地流失现有用户而浑然不知。就好像一个水池，出水口比进水口大很多，导致水池中的水越来越少，最终干涸。而对于清理App来说，因为工具的特殊性，该清理App可以常驻用户手机通知栏进行后台的进程联网，主要是为了计算用户手机空间，便于实时空间清理等。所以，如果用户流失了，那么广义解释是用户不联网了。

### 1. 分析背景：清理App流失用户增多

依据图2-9所示的趋势图分析，只有当“新增用户+回流用户>流失用户”时，产品才是往正面的方向发展，产品的用户数才会越来越多；反之，流失情况比较严重，需要引起警醒。在图2-9中，虽然4月也出现了流失用户反超新增用户和回流用户之和的情况，但是9月的流失用户明显地增加了很多，这就不得不进行深度的分析和挖掘。

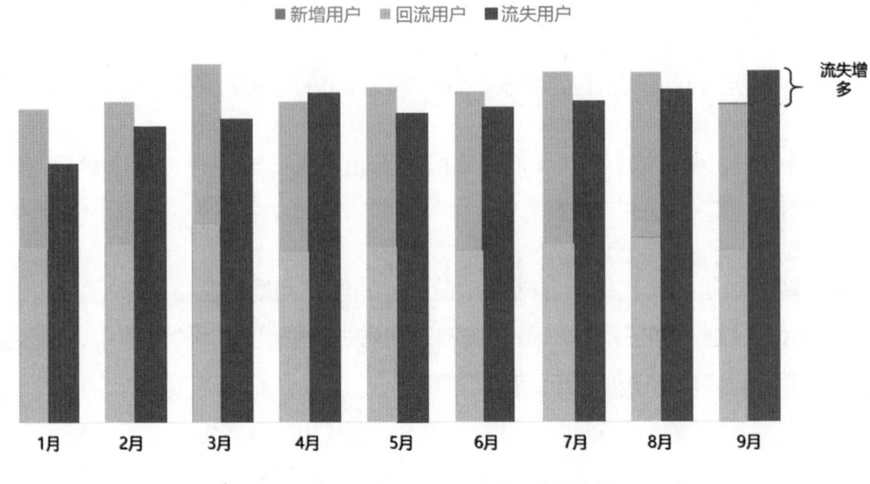


图 2-9　某清理 App 1~9 月用户趋势图

### 2. 公式法拆解：流失用户构成

从是否联网方面分析，用户如果流失，就是不联网了；从流失构成方面分析，主要由三部分组成，即卸载完全不联网了、虽然安装但沉默不联网了、换机后不联网了。

所以，应用公式法拆解，可以设置如下公式：

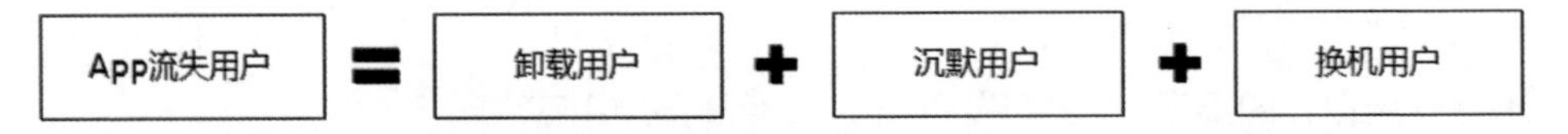


从这个公式可以看出，这三部分的组成是互斥的，同样也是符合MECE法则的。针对这三部分的用户构成，再做进一步的公式拆解或原因分析。而在回答和分析为什么卸载、为什么沉默、为什么换机后不使用的原因之前，可以按照下面的步骤进行头脑风暴，最终聚焦到公式的三个部分。

（1）头脑风暴。

- 进行数据排查：将9月流失用户样本提取出来，还原他们流失前的行为路径，例如做了什么操作、使用了哪些功能，而这些功能是否近期有过变化。如果有变化，看看是不是因为这些变化导致用户卸载或不使用了。

- 排查近期发布的版本是否有重大功能缺陷，影响了用户使用，导致用户卸载或不使用了。
- 竞争对手近期有没有发布新版本，新版本的功能或内容是否足够有吸引力，导致用户离开并“投奔”了竞品。
- 近期手机厂商是否有新机发布，会不会存在用户换了手机之后，就没有再装回我们的清理软件了？是不是有可替代的类似软件？
- 该批流失用户是否对产品已经失去兴趣而自然流失了？

总之，在分析前，可先进行各种维度的发散思考，带着问题去拆解原因。

（2）各部分原因分析和解决思路。

通过对App流失用户公式中三种构成要素的分析得出，沉默用户占比最大，达到76%，卸载用户占比为15%，换机用户占比为9%，如图2-10所示。

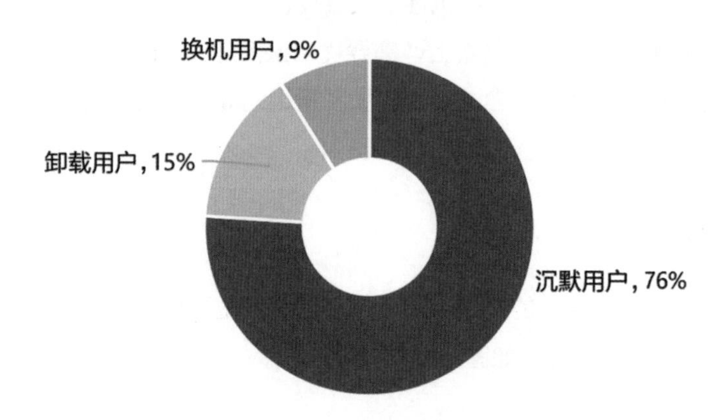


图 2-10　流失用户构成分布

每个部分流失的原因大致如下。

- **沉默用户。**

导致用户不联网的影响因素大多是系统卡顿。

沉默用户发生闪退的比率更高，以及RAM（内存）小被系统kill进程会更加严重，如图2-11所示。

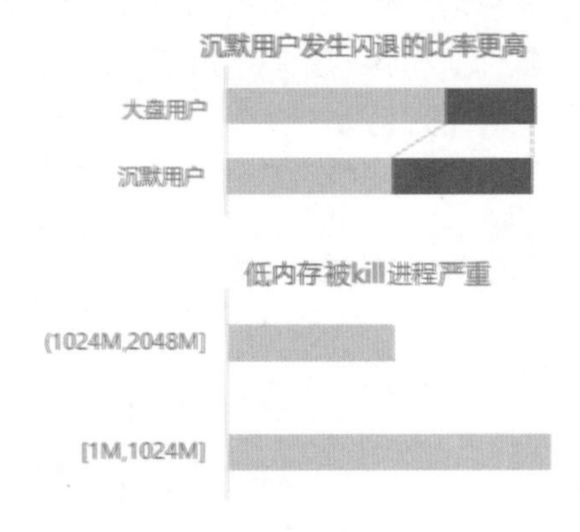


图 2-11　沉默用户不联网原因分析

该产品属于清理类App工具，用户使用的前提多数是手机空间或内存不足，也就是手机性能相对较差。而手机性能又会反过来制约清理工具的使用，造成了一个死循环。所以，在解决思路上，需要优化该清理App在低性能手机上的运行效率，运营和产品方面可以尝试策划更加轻量级的清理工具，使得在低性能的手机上获得更好的适配，减少沉默用户的比例。

- **卸载用户。**

通过数据分析和初步的调研得知，用户卸载的主要原因跟沉默用户不联网的原因有些类似：系统卡顿，如图2-12所示。

通过进一步的调研分析得出，用户卸载App后，流向了厂商和其他第三方清理工具，如图2-13所示。

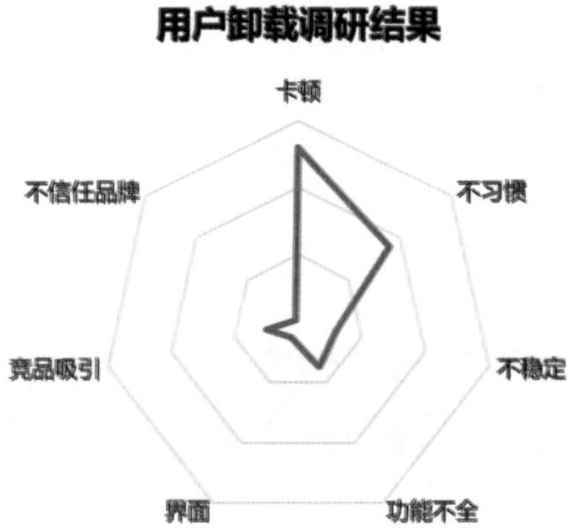

图 2-12 用户卸载调研结果

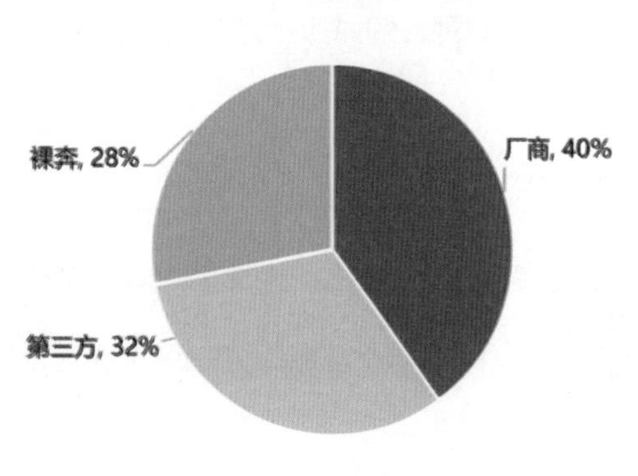


图 2-13 用户卸载后的流向

厂商自带的安全软件中也有清理的功能，这是对第三方软件很大的威胁因素之一。因此，在解决思路上，应该分析和研究厂商及其他第三方清理工具在系统适配和预防卡顿、闪退上是否有可借鉴的地方，进而改善自身的产品，必要时进行技术的突破。

- **换机用户。**

通过数据分析和初步的调研分析得知，用户换机之后，有一半的用户流失了。具体流向如图2-14所示。有些用户流向了iOS系统，iOS系统性能较优，对清理的需求刚性不强;有些用户回流清理App（主要是厂商自带的软件、第三方清理软件），以及不回流(任何清理软件均不安装)， 主要也是因为用户换机后的安卓手机性能相对较优，对清理的依赖性减弱。因此，在解决思路上，召回这部分流失用户的可用方法相对较少，可以在预判断换机之前做召回的运营引导，让用户在换机之后仍能想到回流和安装该产品。

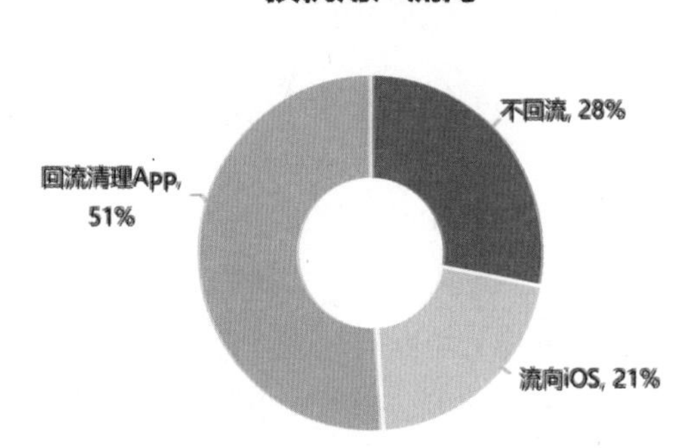


图 2-14 换机用户流向

以上便是在遵循MECE法则下，应用公式法对问题进行拆解的思路。公式法是目前在问题拆解时应用最广泛的，值得好好学习。

## 2.3 利用路径法进行拆解

本节讲解第二种拆解的方法——路径法。

### 2.3.1 路径法的定义

路径法，顾名思义，就是按照事情发展的路径，包括时间、流程、程序，对信息进行逐一的拆解。如果把问题的路径拆解成各个小段，则在遵循MECE法则的基础上，路径的每个小段是不能重叠的。

下面举一个互联网中的案例来说明如何用路径法中的时间序列来拆解问题。

### 2.3.2 路径法的案例：分析某清理工具 App 的日活趋势

在拿到这个问题之后，我们先抓取关键的主题“日活趋势”。趋势，也就是一段时间的趋向和走势，是跟时间相关的。那么在进行问题拆解时，我们便可以采用时间序列的路径法。因为从时间维度上看，每一时刻所发生的行为都是独一无二、不重复的。针对该工具App的日活，便可以按照时间从前往后推演，拆解成若干个具有明显特征的时间周期，分析每个时间周期内对日活波动变化的影响因素，最后进行归纳总结，提出对应的运营手段和措施。

该问题的拆解步骤如下。

（1）日活整体趋势。

拉取近期该工具App的日活趋势，观察1月1日—8月26日的日活数据，如图2-15所示。

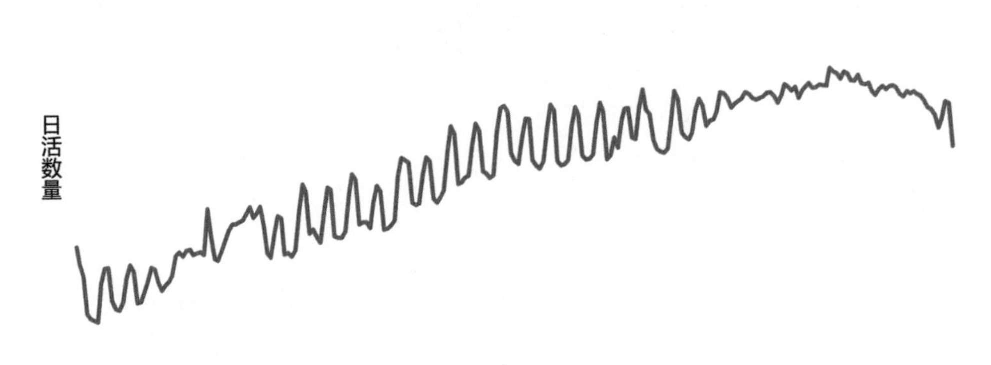


图 2-15　某工具 App 日活趋势

从图2-15所示的日活趋势中可以看出：从年初开始，随着时间的推移，该工具App的日活持续在上涨。仔细观察，该曲线还有以下几个明显的特征。

- 大部分时段呈现规律性的波峰和波谷。
- 前4个月上涨较快。
- 5月和6月上涨缓慢。
- 7月和8月波峰、波谷规律不明显。
- 从8月底开始呈现下滑趋势。

（2）特征节点时段拆解。

根据以上几个明显特征，可以将日活曲线分成3个时间区间，如图2-16所示。

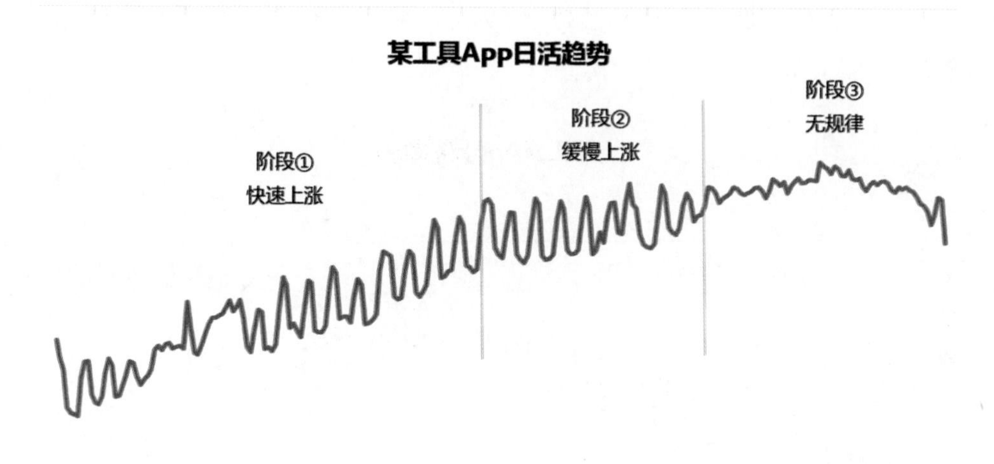


图 2-16　将日活曲线分成 3 个时间区间

（3）区间分析。

按特征节点时段拆分之后，就可以对每个阶段进行重点分析了。上涨快速的原因是什么？上涨缓慢的原因是什么？为什么会呈现无规律性？为什么在某个节点又突然下滑？

对于该工具App，分析各个阶段的趋势及该趋势形成的原因。

阶段①快速上涨的原因分析如图2-17所示。

分析后得出，影响阶段①快速上涨的因素主要有三个，分别如下。

- 运营活动。1—4月节假日比较多，针对元旦、春节、妇女节、植树节、愚人节等特定的节日，运营人员制作了对应的H5精彩活动页面，通过客户端推送的形式让用户参与，从而提高了日活用户数，而且活动的裂变传播也给App带来了新增用户。因此，运营活动如果策划到位，不仅能带来老用户的活跃，也可以带来新增用户。

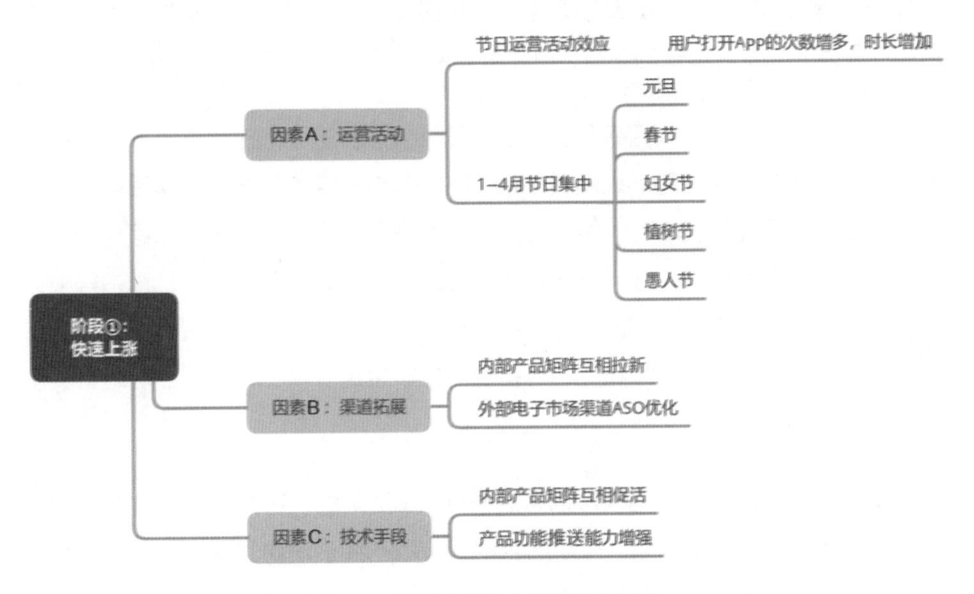


图 2-17　阶段①快速上涨的原因分析

- 渠道拓展。渠道拓展带来的更多的是新增用户。该App有较多的延伸产品，通过延伸产品矩阵设置新增带量位，给该App带来了一定的新增用户。另外，在外部电子市场，包括应用宝、360助手、华米OV的电子市场加大了下载投放的预算，并且相应地做了电子市场的ASO优化，也使得每日的新增用户有了更大比例的增长。渠道拓展依赖资源成本的投入，在App推广预算可控的情况下，是最直接粗暴的增长方式。

- 技术手段。产品矩阵除互相拉新外，也能进行互相拉活。按常规的方法，对于同一个带量位，当该App未被安装时，是拉新；当该App已被安装时，是拉活。另外，优化了产品功能推送的能力通道，对指令的到达率、成功率等指标做了优化，也给运营活动内容推送提供了强有力的保障。在App技术能力达标的情况下，技术方法和手段的优化，能在很大程度上给产品的运营能力提供坚实的底层保障。

阶段②缓慢上涨的影响因素跟阶段①快速上涨的影响因素是一致的，但是对应的力度没有那么强。5—6月的节日较少，只有“五一”和“六一”是节日，可操作的运营活动较少。渠道拓展和技术手段在该阶段没有加大投放和优化的力度，但整体还是呈现增长的趋势，只是较缓慢。

阶段③无规律的影响因素最关键的是暑假效应。这个效应也是导致该阶段趋势呈现无规律的直接原因。该工具App的群体偏向于青少年学生，在暑假之前，日活的趋势呈现周末波峰、上课日（工作日）波谷的规律，而进入暑假，学生有更多的时间操作手机和App，所以趋势变得无规律。而暑假的效应，也是导致该阶段日活趋势再次快速上涨的直接原因。进入8月后，趋势略有下滑，主要是渠道拓展力度不足导致的。在8月底和9月初时，由于接近开学日，因此日活趋势又呈现出快速下滑的态势。

所以，从整体上看，路径法也是遵循MECE法则的，不重不漏地按照时间或空间进行问题拆解。再比如，目前的互联网市场已经从消费互联网转入产业互联网，现在很多互联网公司都开始转型或转成2B业务。要将产品、解决方案销售给政府、企业等部门，就必须拆解销售这个难题，同样按照路径法进行拆解，可以拆解成售前、售中、售后这三个不同阶段。针对不同的阶段，采取不同的销售策略和服务机制。

## 2.4 利用模块法进行拆解

在学习了公式法和路径法进行问题拆解之后，本节介绍第三种拆解方法——模块法。

## 2.4.1 模块法的定义

我们都知道，整体可以被划分为不同的组成部分，而不同的组成部分在空间上就组成了一个整体。这些组成问题原因的各个关键要素就是模块，而这种问题拆解的应用方法就是模块法。企业战略的SWOT模型、目标管理的SMART模型及商业画布模型等都是用模块法进行问题拆解的典型应用。比如运营活动推广方案的问题，研发人员需要做什么、产品人员需要做什么、推广人员需要做什么、运营人员需要做什么、都是按照空间/要素的结构来思考的。

下面我们看看典型的商业画布模型，它就是应用了模块法，利用9大模块和要素可以把任何一个产品的商业问题拆解得清清楚楚。

## 2.4.2 模块法的案例：利用商业画布模型拆解商业问题

在讲解案例前，我们先了解一下什么是商业画布模型。

### 1. 组成商业画布模型的模块

商业画布模型的9大模块如下。

- 用户细分：产品的用户，即核心用户群体，是大众市场，还是细分领域。
- 价值主张：产品能提供给核心用户的价值，即能满足用户的哪些核心需求，产品和服务有哪些差异。
- 渠道通路：产品推广的渠道，即如何将产品触达用户，是自建渠道、销售团队，还是代理渠道。
- 关键业务：满足用户价值主张的直接产品和关键业务，包括平台、网络、解决方案、硬件、软件和互联网产品。

- 收入来源：产品的直接收益方式，如广告流量变现、游戏增值收入、电商和零售收入等。
- 核心资源：产品所拥有的核心资源，包括资金、人脉、人才储备、技术能力、拓展渠道、知识产权等。
- 成本结构：产品生产过程中需要投入的资源，包括资金、人力成本等。
- 重要伙伴：产品商业链路上的合作伙伴，包括投资方、资源渠道方等。
- 用户关系：产品与用户之间一次或长期的关系维护，如用户服务、社区服务等。

### 2. 商业画布模型9大模块的使用顺序

首先要了解目标用户群体是什么类型的人（用户细分），然后确定和满足细分用户的需求（价值主张），再探索如何接触用户，通过什么渠道（渠道通路），制作关键的核心业务（关键业务），通过用户关系的长期维护使产品盈利（收入来源），凭借核心的竞争力和优势支撑业务的发展（核心资源），以及需要投入多少成本、ROI如何（成本结构），最后盘点能伸出援手之人或团队（重要伙伴），以及维护长期的用户关系（用户关系）。

### 3. 分析某清理App的商业价值和路径

以某清理App为例，分析该App的商业价值和路径，对应的商业画布模型的9大模块拆解如图2-18所示。首先，确定该清理App的用户细分市场为“手机性能较差，表现为较容易产生软件垃圾、经常出现手机内存空间不足现象”的用户群体；明确了用户群体，也就能够确定他们的核心诉求是“垃圾清理和手机空间管理”；针对这些核心的用户群体，可以通过在电子市场上架清理App，加之SEO等搜索优化进行触达；根据核心的用户群体诉求和可触达的渠道通路，也就能够制定关键的产品核心功能，即清理功能的打造；通过长期维持用户留存关系，在保证用户使用时长的情况下，布局广告商业化插件实现盈利和收入，以及扩大清理App的用户DAU和MAU；继而支持清理App的核心竞争引擎的开发，衡量投入的研发、产品和运营等人力成本，考量各个渠道的ROI；在产品资源不足的情况下，盘点核心的重要合作伙伴，寻找更多的资源投入；最终实现该清理App商业价值的良性循环。

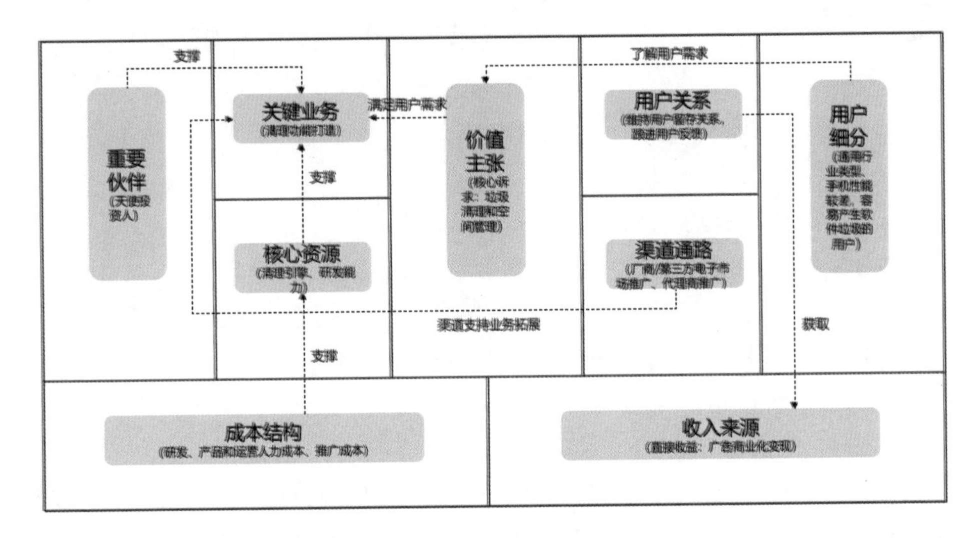


图 2-18 某清理 App 商业画布模型的 9 大模块

### 4. 利用模块法拆解商业问题

除使用商业画布模型外，在数据运营的过程中，对某个运营问题的拆解，可以使用其他模块法进行操作。

分析用户下滑的原因是一个很常见的命题，如何用模块法进行拆解呢？具体步骤如下。

（1）找到进入首页的用户数量趋势。

进入首页的用户可以理解为主动打开主界面的用户，主动进入首页的用户对App的运营来说是非常重要的，包括功能的深度渗透、商业化部署、活动转化等一系列运营操作。而从图2-19可以看出，某清理App在一段时间内进入首页的用户数量呈持续下滑的趋势。

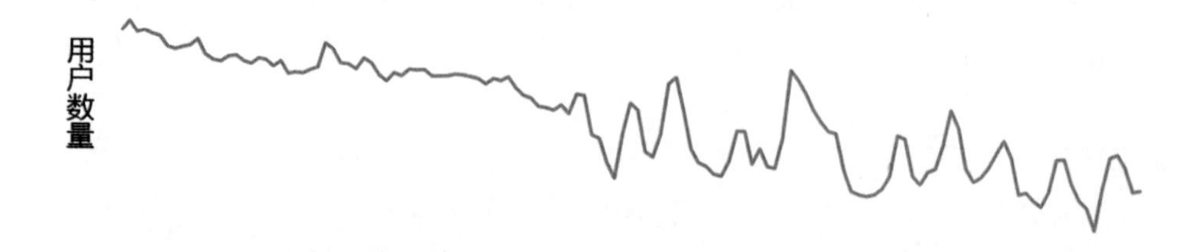


图 2-19　某清理 App 在一段时间内进入首页的用户数量趋势

（2）用模块法拆解问题。

在拆解问题之前，可以进行一轮头脑风暴，将用户数量下滑可能的原因都罗列出来，这样便于对众多的原因进行模块化分类，挑选其中最重要、最有可能的模块进行定位和原因分析。

对于该清理App，经过问题的归纳和总结，可以拆解成以下4个模块进行原因的定位，如图2-20所示。4个模块分别从功能层面、用户层面、硬件层面和系统层面进行划分。

外部入口分流：从功能层面分析，很多工具产品，特别是清理类的App，产品会被设置为桌面快捷工具，如桌面快捷清理、一键加速等小工具，主要是为了缩短用户使用的路径，实现在桌面上也能快速清理手机的功能。那么，这些桌面快捷工具的入口，会不会对用户进入首页的频次有所影响呢？是不是主要的原因呢？

用户操作习惯：从用户层面分析，追溯用户进入首页之后的操作行为，是不是有不满意的地方？是不是已经出现了后续不愿意再进来操作的情况呢？

厂商权限限制：从硬件层面分析，大部分的清理App需要获取很多的厂商权限才能使用，包括华米OV，是否已经开始出现权限收紧，不再给App授权的入口，导致很多功能失效，继而使用户进入首页的频次也受影响了呢?

安卓系统限制：从系统层面分析，安卓高版本的占比越来越大，对于清理类App的存活是否已经造成了更大的影响？用户对该App的感知是否越来越弱了?

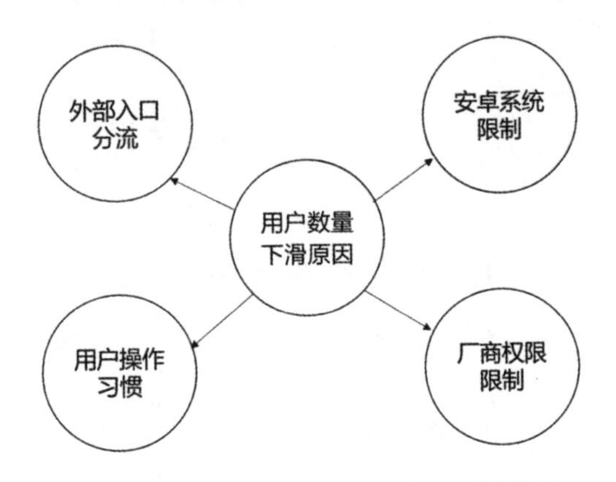


图 2-20　用模块法拆解用户数量下滑的问题

（3）原因总结。

最终，通过各个模块的原因定位，总结出表2-1所示的结论。

除模块“外部入口分流”不是引起进入首页的用户数量下滑的主因外，其他三个模块“用户操作习惯”“厂商权限限制”“安卓系统限制”均是主要的原因。

表 2-1　进入首页的用户数量下滑的原因

| 模块 | 原因定位 | 是否主因 |
| --- | --- | --- |
| 外部入口分流 | （1）使用桌面清理工具的用户更喜欢首页的清理功能，且这部分用户的首页清理留存率更高。<br>（2）对比了部分未设置桌面清理工具的用户，进入首页的用户数量也呈下滑趋势 | 非主因 |

续表

| 模块 | 原因定位 | 是否主因 |
| --- | --- | --- |
| 用户操作习惯 | （1）进入首页后，垃圾清理的扫描时间越来越长，消耗了用户的耐心。<br>（2）垃圾清理后，首页其他功能的使用比例均持续下滑，意愿已经削弱 | 主因 |
| 厂商权限限制 | （1）对于华米OV，清理App获得通知栏权限越来越小，用户从通知栏推送进入的数量呈下滑趋势，大部分推送无法到达。<br>（2）对于华米OV，清理App获得开机自启动权限越来越小，用户感知不强 | 主因 |
| 安卓系统限制 | 对于安卓高版本7.0及以上，用户主动打开清理App的比例更低，证明安卓高版本限制较多，且铺量上涨很快导致用户打开清理App的首页比例急剧下滑 | 主因 |

由此可以看出，用模块法进行问题的拆解其实就是把一件事情按照不同的模块进行划分，确定影响该问题的重要模块是哪几个，进而找到该模块的有效应用点和分析的切入点。除此之外，我们还应该注意的是，即便知道了如何进行模块拆解，在面对具体问题时，可能还会存在一些我们没有留意到的或不知情的影响要素或模块。所以，我们在实际的问题拆解过程中要多想一些，尽可能遍历影响结果的全部关键模块，找到最有效的影响因子。如果还是无法完全覆盖全部的可能性，那么要做好小步试错、推倒重来的准备，毕竟这种情况也是可能存在的。

本章介绍了问题拆解的思路和方法，为什么有些人无论在分析多么复杂的问题时，都可以做到非常清晰和精准呢？原因在于，他们从结构化的视角看待事物，既能自己总结和提炼出相应的结构模型，又能用大量的现有模型来分析问题。

# 第3章
# Chapter 3

## 数据的选取对最终分析产生关键性的影响

在足够了解业务方向和目标，建立了完善的业务指标体系，并且基于MECE法则，利用常见的拆解方法进行目标的拆解之后，就可以利用各种数据分析模型进行分析了吗？此时，人们经常会忽略一个关键的问题，那就是决定性的数据的选取。确切地说，我们需要明确供我们进行算法模型分析的数据是否有、是否准确、是否齐全、是否科学、是否能支撑我们的分析过程，并且达成最终的分析目标。也就是说，数据的选取对最终的分析会产生关键性的影响。

在本章，读者会了解：

- 数据有哪些来源；
- 数据怎样获取；
- 当数据有偏差时，怎样预处理。

## 3.1 常见的数据类型和获取途径

本节将介绍常见的数据类型，以及这些数据是如何被获取的。

### 3.1.1 数据的类型

我们赖以分析的源数据究竟有哪些类型？按照数据存储的方式，概括起来有以下几种数据类型：服务端数据、客户端数据、业务数据、第三方数据。而按照数据所属，又可以分为内部数据和外部数据，如图3-1所示。

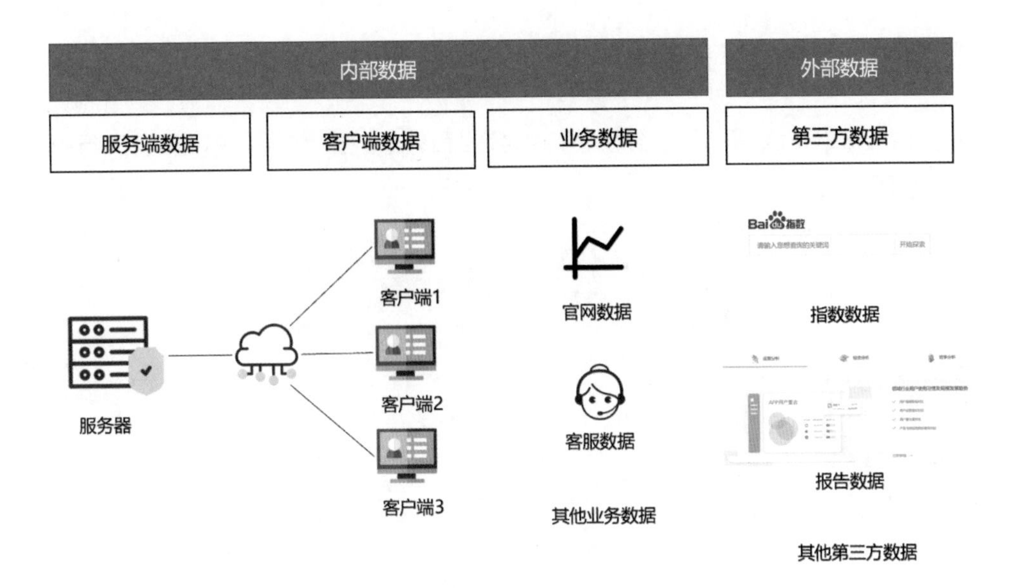


图 3-1　数据的类型

内部数据：服务端数据、客户端数据和业务数据属于内部数据，内部数据是我们最熟悉的数据来源。服务端数据和客户端数据多数是以日志系统的数据存在的，而业务数据，比如客服数据、官网数据等并不一定是存储在日志系统中的，但是又属于内部数据，因此是形态更加丰富的数据。

外部数据：第三方数据属于外部数据，是非常重要的一个数据来源，主要类型有行业平台数据、外部竞争对手数据等。外部数据能帮助我们扩展思路，在内部数据无法分析得出目标结论的情况下，帮助我们找到解决问题的方法。第三方行业平台数据，比如在广告行业中，海外的应用分发商很信赖以色列公司APPSFLYER LTD旗下移动归因与营销分析平台品牌AppsFlyer，因为它有第三方的广告归因数据，可以帮助应用营销人员快速地做出决策。另外，对于第三方竞争对手的内部数据，常见的获取方式是在合法合规的范围内通过网络爬虫获取。

## 3.1.2 数据的获取渠道

根据MECE法则，可以分别将内部数据和外部数据的常见获取渠道进行拆解，如图3-2所示。

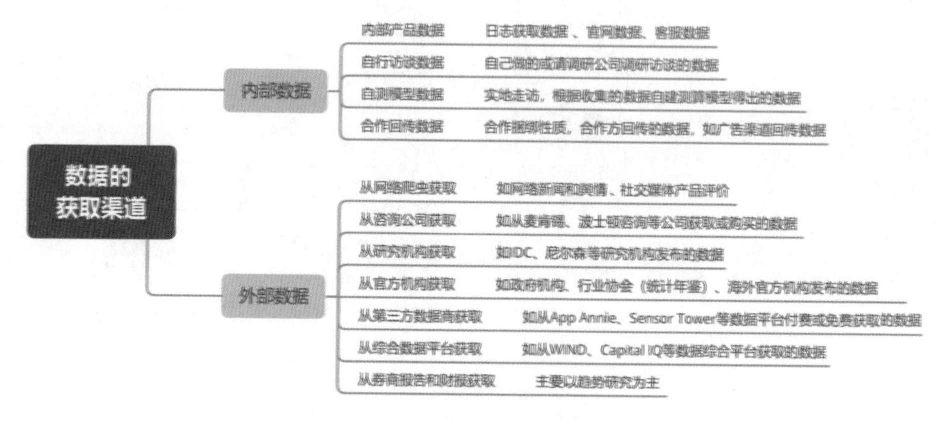


图 3-2　数据的获取渠道

从获取的主体来讲，内部数据也叫作一手数据，外部数据也叫作二手数据。

**内部数据：是自己得到的一手数据。**

内部数据获取的渠道和途径如下。

- 内部产品数据：即产品的日志获取数据、官网数据、客服数据等，用于分析产品的活跃度、付费情况、运营活动效果等。
- 自行访谈数据：即内部根据一定的目的制定提纲进行访谈调研，或者聘请调研公司进行访谈后实时同步的访谈结果数据。自行访谈数据主要用于进行用户调研和市场调研。调研有一定的流程，需要按照“明确调研目的、规划调研方案、设计调查问卷、发放问卷、执行问卷、回收问卷、分析问卷数据和写调研报告”的流程来进行。而这也是我们了解用户的一个比较好的手段。如果是实地调查，回收几百个样本已经非常多了；如果是网络问卷，回收几千个样本也是一个比较高的回收率了。虽然成本很高，而且需要花费一定的时间，但是确实有一些数据只能从调研访谈中才可以获取。比如，用户突然不玩游戏的原因可能是他结婚了、搬家了、毕业了，或者其他一些原因。而这些原因是不可能在游戏内部的产品数据里面得到的，需要调研才能得到反馈。

- 自测模型数据：即通过实地走访进行记录或测量，最终通过测算模型得出的数据。比如，我们平时根据自建的预测模型得出的结论数据。更有甚者，通过翻墙模式到竞争对手公司的网络环境中刺探数据，也属于实地走访，只是这种情况比较极端，不可取，有面临法律制裁的风险。因此，实地调查有风险，操作需谨慎。
- 合作回传数据：即双方合作，依据实际的合作模式，需要合作方回传数据。比如，在广告投放中，渠道或广告主回传的数据；在某些大公司跨事业群或部门的产品合作中，用于用户画像的标签数据的交换回传。

**外部数据：是依据外部其他来源得到的二手数据。**

外部数据获取的渠道和途径如下。

- 从网络爬虫获取：即通过网络爬虫工具或脚本获取外部的新闻、舆情、社交产品数据。当今社会，万物皆互联，特别是对于互联网产品，网络新闻和舆情、不同的社交媒体对产品的评价等信息，都是可以通过爬虫抓取的。或者在产品上线前，特别是热门行业的产品，比如热门游戏新品发布，可以看看网络上的舆情有没有对新游戏的报道和提及。也可以通过舆情分析平台找到用户对新、老产品的bug反馈，或者运营活动里面的投诉，看看有哪些地方是被赞扬的，有哪些功能是被吐槽的等。这些数据均可以通过爬虫工具或脚本抓取，对产品的指导意义非常大。还可以使用网络爬虫抓取到的数据做一些专项的行业分析，比如用网络爬虫抓取链家或58同城在广州的一些房产交易数据，就能够对广州的房市做数据分析。实际上，网络爬虫就是用一些网络工具模拟人的浏览，然后把信息抓取下来，但这样做会增加网站的负载，因此有些网站会做反爬虫程序，也有一些网站会提供专门的公开API接口，需要数据的人员可以通过这些公开的API接口去抓取数据，不会影响正常的用户使用，也是对正常用户的一种保护。

- 从咨询公司获取：即通过付费购买的方式聘请专业的咨询公司，按照产品的目标进行专家访谈。这个渠道的数据获取成本较高，但数据的准确性也较高。比较出名的专业咨询公司有麦肯锡、波士顿咨询等。
- 从研究机构获取：即获取一些专业研究机构发布的数据。比如IDC定期发布各行业产业研究报告、尼尔森定期发布季度消费指数报告等，都是可以从中获取和使用的数据来源渠道。
- 从官方机构获取：即获取某些官方部门对外公布的权威数据。比如政府财政报告数据、消费报告数据、行业协会发布的统计年鉴白皮书，以及一些海外官方机构发布的权威数据。
- 从第三方数据商获取：即通过第三方的数据提供商获取的数据。比如可以通过App Annie、Sensor Toewer、七麦数据等平台查看App在海内外的排行榜或榜单上涨趋势。也可以付费获取更多的包括下载量、活跃量等维度的数据。
- 从综合数据平台获取：即通过如WIND数据库综合平台、Capital IQ数据库综合平台获取的数据。
- 从券商报告和财报获取：即通过像财经券商对外发布的券商报告及某企业的财报现状来获取数据。比如富途证券、广发证券、滚雪球等券商财经App会定期盘点某些上市公司的财务现状及公司趋势和未来产品规划，这些均是很好的数据获取渠道。

## 3.1.3　外部竞争对手数据的获取

获取外部竞争对手的数据一直是一个难点，因为不可能直接拿到竞争对手的内部数据，比如活跃度、付费情况、公司营收等数据，但是也有一些迂回的方法可以利用。这里依据想获取的竞争对手的信息，将竞争对手的信息类型分成8种，如图3-3所示。

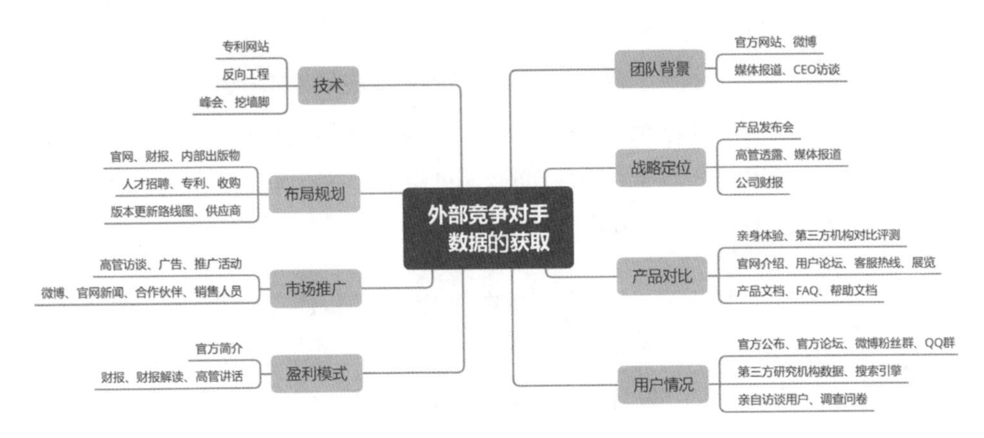


图 3-3　外部竞争对手的信息类型

- 团队背景：想要了解竞争对手的公司或团队背景，可以从竞争对手的官方网站或公众平台搜索信息，也可以留意行业上的相关媒体报道、CEO访谈和行业峰会演讲等。

- 战略定位：想要了解竞争对手的战略定位，可以留意该公司的产品发布会，比如手机厂商每年会定期举办产品发布会，会上会发布当年的产品及未来的产品规划，是一个很好的了解该公司产品战略定位的渠道；媒体的软文报道或公司高管的演讲中也会透露相关的信息；如果是上市公司，还可以通过公司财报了解公司的产品战略定位。

- 产品对比：想要了解竞争对手的产品功能，可以自己亲身体验产品，这是最直接的方法。市面上还有一些专业的第三方测评机构，会对同类型的产品进行横向的对比，这也是很好的渠道。而对于大的公司，在公司官网上，会有产品介绍、用户论坛，以及产品的使用文档和帮助文档，这些都是很好的信息来源。

- 用户情况：这个维度的数据一般较难获取。想要了解竞争对手产品的用户情况，需要付出一定的成本进行用户访谈或问卷调查，也可以请市面上的第三方研究机构进行调研，官方论坛、微博粉丝群、QQ群中的用户反馈信息也可以从侧面反映竞争对手产品的用户情况。

- 技术：想要了解竞争对手的技术情况，可以通过专利网站查询相关的专利课题，进而从侧面了解竞争对手的技术研究成果，或者通过高薪聘请竞争对手公司的技术人员，深入了解后也能得知一部分竞争对手公司的技术现状，比如在面试竞争对手公司的人员时，可以问在做什么工作、用的是什么方法，这也是一个获取信息的途径。

- 布局规划：想要了解竞争对手的布局规划，可以通过公司官网、财报进行了解，也可以通过查看竞争对手的招聘信息来了解。比如，我们想知道某个游戏工作室的研发计划，这个一般是保密的，但是通过一个信息源可以知道该工作室可能在干什么，那就是招聘广告，假如他们在招聘一个海外的设计类的岗位，那么可以判断该公司在规划与海外游戏相关的产品。

- 市场推广、盈利模式：这两个信息多数情况是通过官网新闻、财报解读、广告及推广活动等渠道来了解的。

对于需要了解的竞争对手各个维度的信息，在平时的生活和工作中，可以多阅读媒体文章和新闻，以及竞争对手的财报和招聘信息等，还是能从中获取关于竞争对手的动态等信息的。

### 3.1.4 内部数据的提取

#### 1. 数据提取前提：数据埋点和采集

本节主要从运营人员和产品经理的角度来讲述在数据提取之前，对埋点的规范、原则、时机有哪些需要注意的地方，埋点的技术实现原理此处先不阐述。

（1）什么是数据埋点。

数据埋点是一切数据分析的基石。它指在特定的程序功能被触发时，将这个行为记录下来。例如，当用户打开App的某个功能时，记录打开的行为；当游戏玩家登录游戏时，记录玩家的登录行为；在有购买行为时，记录订单等。通过有效的数据埋点，可以收集用户在产品使用中的第一手数据，能最真实地反映产品的运行情况，是量化工作收益、计算KPI和ROI的重要依据。当这些行为不被记录时，数据分析是没有任何基础数据可以分析的。数据埋点就是解决当程序功能被触发时，应该如何记录这个行为并通过合适的渠道和时机上报的问题。

（2）数据埋点事件的分类。

既然埋点是为了记录用户行为的事件，那么具体有几种事件分类的集合呢?可以分成如图3-4所示的三种。

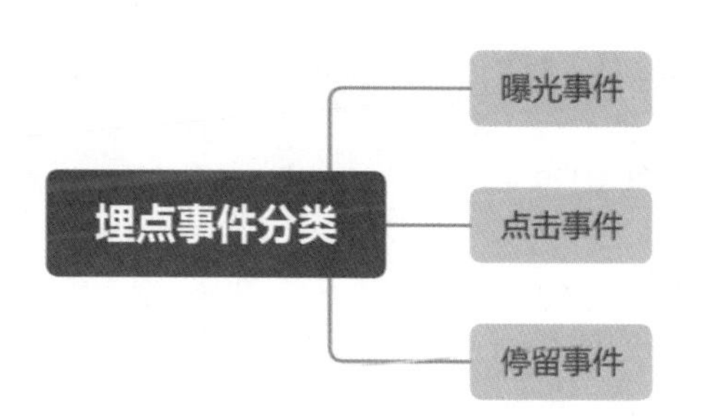


图 3-4　数据埋买事件分类

- 曝光事件：曝光事件埋点一般用来统计页面某个模块、区域被“看到”的次数。这里的“看到”是指被用户有效浏览，所以曝光埋点的关键就在于怎样定义“有效”，因为埋点也是需要开发的。比如，为了配合运营活动，需要在首页的中部位置放置一个活动入口的横幅图片，给这次活动引流。对于首页的产品经理来说，需要衡量流量的分发效率，因为资源有限，所以同样的楼层可以将资源分配给更好的活动，这样可以提升每个流量的价值；对于运营人员来说，需要衡量活动对用户的吸引力，计算有多少用户会点击进来，参与活动并促成转化。这两方面都涉及一个点击效果的量化，即点击率（CTR）。

一般点击率的计算公式如下：

点击率=点击数/曝光数

该公式的分子为某个区域或物品的点击数，分母“曝光数”如何正确选取就比较困难了。如果使用整个首页的浏览次数，那么明显是不科学的，因为很可能这个活动的横幅图片用户压根就没看到，那么怎样衡量用户是否感兴趣呢？由此，需要引入曝光埋点。曝光埋点诞生之初的目的就是更加科学合理地计算相关指标，相比于点击埋点和页面埋点更加直观的数据统计，曝光埋点的用处更多。

- 点击事件：顾名思义，是对用户在App或网页上点击行为的记录，是计算点击率公式的分子必须项。
- 停留事件：是按时长统计的，具体是指某个事件停留的时间长度，比如在短视频App中，用户在某个视频页面停留的时长统计。

（3）数据埋点的基本原则。

设计数据埋点需要遵循如下原则。

- 数据定义一致性：对于一个产品来说，某个数据的定义是什么需要明确地告知团队中的所有人，且在产品生命周期内自始至终保持不变。避免对数据结果和计算方式产生的歧义和需要重复解释带来的成本。数据一致性也需要同样地延展到数据指标的计算方式中。
- 记录事件完整性：对于记录的一个事件来说，数据最好不要从这个事件中拆分出去进行数据采集或分开上报，以免出现数据丢失造成分子、分母失衡或数据关联丢失的情况。例如，微信申请好友的行为与应答好友申请这两个行为，在研究申请通过率这个完整事件时，不应当分开采集申请行为和应答行为，而是应当将两种行为数据一并上报，作为一条完整的记录，以便进行申请通过率的计算。

- 让步原则：数据分析为产品服务，因此数据埋点不能抢占C位。当数据埋点的开发或数据采集上报的过程影响了产品本身的功能开发进度或运行时的性能消耗时，数据埋点应当做出让步或简化上报的数据量。一般埋点都是分阶段和优先级的，先把重要的点上报，看到效果之后再去不断增加新的埋点，同时也要配合产品发布的节奏。

（4）数据埋点的字段设计。

在产品经理了解了数据埋点的分类和原则之后，接下来便可以设计埋点事件的明细。

比如对于某清理App，点击事件埋点的关键字段，如表3-1所示。

表 3-1　点击事件埋点的关键字段

| 操作点ID | 操作点名称 | 上报属性 |
| --- | --- | --- |
| Click_Delete_Btn | 点击删除按钮 | 操作点 |
| Click_Encrypt_Btn | 点击加密按钮 | 操作点 |
| Click_Decrypt_Btn | 点击解密按钮 | 操作点 |
| Open_Encrypted_Picture | 打开照片 | 操作点 |
| Open_Encrypted_Video | 打开视频 | 操作点 |
| Open_Encrypted_File | 打开文件 | 操作点 |

- 操作点ID：是各埋点事件的唯一标识，也是埋点上报的最关键字段。

- 操作点名称：该事件对应的中文表述。如“点击删除按钮”这种能明显跟其他埋点事件做区分的表达。

- 上报属性：该上报事件对应的上报类型，常见的分类是操作类型、状态类型和监控类型。

（5）数据埋点的上报时机。

选择数据埋点的上报时机十分重要。合理地选择记录数据的触发时机，并在考虑性能的情况下适当地选择上报的时机，这一点需要策划人员、数据人员、程序人员三方重点沟通，讨论记录某个行为信息的上报时机。因为它不仅涉及数据的有效性和数据定义本身，还涉及数据上报产生的性能消耗等诸多内容。

比如，在对枪战类游戏App进行埋点设计时，以单局组队情况下的战绩上报为例，当上报时机是某个玩家“死亡”时，上报的战绩中得到的排名为该玩家相对于局内所有玩家的排名（“死亡”顺序），而真正在战绩部分展示的小队排名，需要等待其队友结束游戏时才能得到。这时就需要根据表的服务对象设计不同的表格来处理对数据的实时性要求。在面对单局中大量的玩家行为时，如果在每个行为发生时都上报数据，势必会造成上报带宽的堵塞及客户端响应速度的延时，这对于有着较高的延时要求的游戏来说是致命的。因此，需要将触发记录保存在本地，并在统计和计算后在某个空闲时机将记录上报。

### 2. 数据提取阶段：人工提取、报表固化、半自动化工具、脚本自助提取

对于大部分内部数据来说，在实现埋点上报之后，就可以开始根据实际业务需求提取数据。而数据的提取根据从人工到自助的过程，可以分为4个阶段，产品或运营人员也可以对比公司的实际情况，看目前在提数这个环节处于哪个阶段，适当地升级工具。

#### 数据提取1.0阶段：与后台数据人员沟通提数需求

- 特征：需要依赖后台数据人员进行人工提取。
- 优点：专业的人做专业的事。后台数据人员基本上都是技术工程师，他们使用专业的脚本工具能快速地进行提数，操作效率很高。
- 缺点：沟通需要成本，可能需要来回返工。也就是说，第一次提数之后，分析后的结果未必是想要的结果，也有可能分析不出结论，这时候就需要

进行第二次提数，甚至还会有第三次或更多。沟通次数可能跟开发人员与产品经理的理解有关，也可能是第一次设计的提数方案有漏洞或方向不对。因此，整体上会存在沟通成本较高的缺点。

- 适应范围：适合一次性需求。

**举例：** 数据分析人员有一个专题分析，就是针对某个APP的账号同步功能进行专题分析。他给后台数据人员提了如下需求明细：

A、需求背景

对账号同步功能进行专题分析，评价账号同步引入后对用户行为的影响

B、需求描述

筛选一批已开启账号同步的用户，做绑定前后行为的对比分析

a、筛选条件：

开启账号同步时间：10月1日-10月7日

入网时间：9月17日前

最后一次联网时间：10月22日后

b、 需要提供以下excel宽表（如表3-2所示）

表 3-2　数据提取需求表

| 活跃情况 | | 绑定状态 | 提醒与反馈情况 | | | | | |
|---|---|---|---|---|---|---|---|---|
| 周联网 | 周主动 | 账号绑定状态 | 本周是否出现过账号风险提醒 | 本周出现账号风险后点击"修改密码" | 本周出现账号风险后点击"冻结账户" | 本周是否出现过异地登录提醒 | 本周出现异地登录提示后点击"是我登录" | 本周出现异地登录提示后点击"修改密码" |
| 0/1 | 0/1 | 0/1 | 0/1 | 0/1 | 0/1 | 0/1 | 0/1 | 0/1 |

注意：

请提供4个周的数据，分成4个表存放

标号week1：9.17-9.23（代表未绑定账号-样本周1）

标号week2：9.24-9.30（代表未绑定账号-样本周2）

标号week3：10.8-10.15（代表已绑定账号-样本周1）

标号week4：10.16-10.22（代表已绑定账号-样本周2）

Week1和week2只需提供用户标识、周联网、周主动、及各个功能入口的数据。

Week3\week4需提供全部项信息。

C、 是否经常提取以及理由

在得到提数结果之后，产品经理或运营人员再对数据进行本地化的处理，最终得到自己想要的数据结果，以供数据分析之用。

数据提取2.0阶段：数据应用平台建设

此阶段跟数据提取1.0阶段有递进的关系，当临时提数需求变成一种常态时，将这个提数需求固化成报表和应用平台，就是非常有必要的了。

优点：数据定期统计，信手拈来，无须经过人工一次性提取，获取数据效率高。

缺点：维度固化，不灵活，变更或删增维度需额外开发。

适应范围：适合长期需求。

拓展知识：数据应用平台究竟是什么?

数据应用平台是一种工具，帮助用户高效地获取数据，并将其以合适的方式展现出来。

数据应用平台也是运营成果的展现平台，用户的业绩通过它得到展现。

图3-5所示就是一种数据应用平台。

| 时间 | 平台 | 版本 | build号 | 活跃用户 | 新增用户 | 留存用户 | 主动用户 |
|---|---|---|---|---|---|---|---|
| | | | | | 暂无数据 | | |

图 3-5 数据应用平台

（1）数据应用平台建设要素。

数据应用平台需要具备3个要素，才能方便后续的使用者。

要素1：功能性

功能性是指这个数据应用平台能帮你做什么。是能帮你每天监控数据的变化，还是能帮你提取出想要的用户标识，抑或或是可以帮你做一些中长期的分析等，即我们提需求来做这个平台的目的是什么，这个平台是为了具备什么功能特性而被创建的。

按照理解，数据应用平台就是源数据，通过一些组织方式、规则和条件，最终输出一个想要的数据。输出的数据可能是号码包，也可能是一个报表。

- 源数据：源数据直接决定了数据应用平台能做什么事情。比如某些大公司，由于部门壁垒，有些源数据是不互通的，因此很难做一些交叉的数据分析。由此可见，源数据是非常重要的且需要完善的。
- 条件/规则：怎样利用源数据来获得最终想要的数据，简单地说就是对源数据进行加、减、乘、除，然后得到转化率、留存率等指标。

- 最终数据：你希望得到什么结果数据？这个是要提前想明白的。

要素2：易用性

数据应用平台的易用性决定其使用效率。

- 获取数据是否快捷？
- 操作流程是否简便？
- 展示方式是否友好？

在很多情况下，产品越易用，开发人员就会越费事，这方面需要做好沟通和平衡。

要素3：易懂性

如果数据应用平台不是用户一个人在用，就需要考虑它的易懂性。易懂性涉及：

- 术语、口径及对应措辞；
- 操作方式及操作反馈；
- 帮助说明。

不注意这些，往往会导致较高的培训和解释成本、效率下降和因误解而造成的最终数据错误。

（2）数据应用平台规划的层次。

数据应用平台跟用户体验是强相关的，在考虑用户体验时，需要从5个层面来考虑，也就是战略层、范围层、结构层、框架层和表现层。

- 第一个层面（底层）——战略层：用户需求是什么，做这个平台的目的是什么。
- 第二个层面——范围层：要提供什么样的东西。
- 第三个层面——结构层：组织的方式是怎样的，交互方式和信息架构是怎样的。
- 第四个层面——框架层：界面导航需要布局完善，产品人员或技术人员在搭建平台的时候，需要考虑全面、完善、系统，让大家都会用，使其持久地发挥作用，而不是今天改一处，明天又改一处。
- 第五个层面——表现层：最终用什么平台表现形式，包括图表与数据表的结合展现等，让平台更符合用户体验，向精品方向靠拢。

**数据提取3.0阶段：半自动化工具（智能分析工具）**

此阶段是在数据提取2.0阶段上的又一次升级，半自动化工具的形式有多种，包括提数平台、OLAP钻取、按事件条件提取。当固化的报表不能满足常规的数据分析时，就需要创建可按自定义条件进行筛查的方法，所以半自动化的提数平台建设也是非常必要的。

- 优点：数据提取相对比较灵活，可在既定的条件范围内自由筛选查询，且多数可以支持多维度的交叉提取和分析，效率较高。
- 缺点：提取的维度是相对比较固化和既定的，变更或删增维度需要额外开发。
- 适应范围：适合长期需求。

**数据提取4.0阶段：脚本自助提取**

如果数据提取人员具备一定的脚本处理能力，那么在数据提取3.0阶段还不能满足的情况下，便可以给他们开放数据库读取的工具或权限，也就是数据提取人员直接通过Python或SQL等脚本处理语言提取数据，这个阶段也是最灵活的。

- 优点：数据提取非常灵活，提取人员可根据数据库表直接提取该表中任意的数据，效率非常高。
- 缺点：对数据人员的能力要求较高。
- 适应范围：适合长期需求。

# 3.2 选取数据和数据预处理

在明确了数据的类型和获取途径，以及获取内外部数据之后，就需要判断这些数据是否可用，能不能支撑和分析出我们需要的结论。

## 3.2.1 选取数据的原则

### 1. 要有数据可选

选用数据，特别是想选用好的数据，首先必须要有数据。

- 从一个产品的诞生开始，或者是为了一个分析结论，有没有想好需要什么样的数据?
- 每个需求，有没有包含“我要这部分功能的数据”这部分?

**“数到用时方恨少”**，不要在需要用的时候，才想起来“这些数据怎么都没有？”

相信很多人都有这样的体会，就是在想做数据分析时，发现很多数据都没有。比如要追溯5个月以前的数据，但发现只保留了最近两个月的数据。因此，产品经理或运营经理就需要在产品诞生的时候，想清楚需要什么数据满足后面的分析需求，让开发人员预先做埋点把这些数据记录下来，方便后期数据分析使用。所以，在提一个产品需求时，需要先看看有没有包含关于数据方面的需求，及时地更新自己的数据需求说明书，不要再出现“数到用时方恨少”。

**2. 要有用的数据**

在有数据可选之后，需要仔细分析：哪些数据是需要的。

有用的数据应该和产品的运营目标相匹配，能支撑我们的目标主题分析。

- 它能告诉你：在多大程度上实现了运营目标。
- 或者能帮你发现运营中的问题，减少在实现运营目标过程中的障碍。
- 或者能让你发现一些新的机会和优化点，更好地达到或超越运营目标。

**3. 不要没用的数据**

在有可选数据之后，是不是提取越多的数据出来分析越好呢？并不是的，数据并不是多多益善的。

回想一下，在平时进行数据分析时，是不是有很多数据是你提出需要的，但最后却没有发挥作用？答案应该是有很多。

- 过多的数据会让你的分析工作变得繁杂，特别是在提取数据和处理数据时，有些数据用之无味、弃之可惜。
- 过多的数据会让你的分析报告密密麻麻，重点不清晰。汇报对象看后抓不住重点，如果汇报对象是直属领导，他们看到这样的报告会很生气。

- 过多的数据会增加开发人员或统计人员的工作量和机器成本，而这些都是无用的。这也会导致合作的同事很生气，是不是得不偿失呢？

所以，产品经理或运营经理，以及任何其他的工作人员，要尊重和你合作的人员的劳动成果，不要提出一堆没想清楚的需求让别人做，最终还是用不上的数据，白白浪费了各方资源。

#### 4. 要可靠的数据

可靠的数据意味着数据是你真正想要的、可信赖的数据。可靠的数据是在有用数据范围内的精准圈定。

可靠的数据是怎样的？

- 是你真正想要的数据。
- 是始终准确的数据。
- 是能稳定获得的数据。

真正想要的数据意思是输出的数据口径跟想要的数据口径是完全一致的。这就涉及与数据提取人员的沟通情况，要说清楚到底需要什么口径的数据，或者在自助提取数据时，能精准地根据自己想要的维度提取出来。

始终准确的数据就是提取或输出的数据有时是对的，有时是错的，需要进行各种修正才能准确。

稳定获得的数据就是输出的数据很不稳定，有时候有，有时候没有，而数据分析需要稳定的数据。

所以，不管是技术人员、产品经理还是运营经理，都需要尽自己的责任去保证数据的可靠、准确和稳定获得。

#### 5. 不要不可靠的数据

使用不可靠的数据，有时候不如没有数据。不可靠数据跟可靠数据是相对的。

不可靠数据有以下几个典型特征。

- 不是真正想要的数据（口径不一致）。
- 数据有时准确，有时不准确（跑数据时老出错）。
- 数据经常不能按时输出（输出数据的人力或物力成本太高）。

在提数据需求和获取数据时，有些数据口径在表述或说法上比较复杂，在给需求执行方描述需求的时候，可能大家的理解不同，那么输出的数据就可能有偏差，不一定是自己想要的数据。如果是自助提取的数据表，也需要先了解原始数据表的字段定义，避免理解有歧义。因此，数据口径的沟通是非常重要的。

数据有时准确，有时不准确。比如跑某一个功能的使用用户数，一般是50万次或60万次，如果突然输出一个5000万次或800万次，那么这样的数据就是错误的。

数据经常不能按时输出。举个例子，比如要从某合作方处获得一些数据，有时可能他们只能提供某一个或个别片区的数据，而这些数据都是临时性的，没有持续可分析的价值，不能稳定获得。

### 3.2.2　数据预处理

虽然按照取数的原则，我们获取了有用且可靠的数据，但是并不能说明可以直接使用数据，可能还会存在各种各样的问题。经常遇到的数据问题有如下几种：

- 数据缺失（Na/N）；
- 数据重复；
- 数据异常；
- 数据样本差异量非常大（如A样本有 10万个，而 B样本只有 100个）。

### 1. 数据缺失（Na/N）

比如，在互联网行业中，产品的用户注册阶段需要用户输入基本信息，很多用户会忽略不写，如地区、年龄和收入等级等，由于填写与不填写获得的产品服务差异不大，因此用户往往会忽略，也可能随便填写，比如将年龄写为100岁或以上，从而产生异常值，在无形中造成数据缺失。

对待数据缺失有以下几种递进的处理方式：定位、不处理、删除、填补。

定位：就是要定性与定量了解数据的情况。对于已经收集回来并存储在数据库中的数据，了解数据库中哪些字段有缺失、缺失比例如何，这是一种定量的描述。明确有缺失数据的字段重要性如何，这是一种定性的描述。定量的描述相对容易，定性的描述需要与业务场景相结合。

我们知道，通常行用来表示数据记录（如用户），而列用来表示相应属性（如性别、年龄）。缺失值的情况一般分为以下两种：

- 一是行记录的缺失，即数据记录的丢失；
- 二是列记录的缺失，即数据记录中的某些属性值出现空缺。

数据记录的丢失通常无法找回，一般缺失值处理仅针对属性值的缺失进行处理。

不处理：是预处理的一种方式。数据分析及应用有时对缺失值是存在容忍度的，比如在进行数据降维处理时，很多属性值其实对数据分析的结果相关性非常小，这些属性值的缺失并不会对分析结果带来任何影响，因此完全可以采用不处理的方式来对待。

删除：就是丢弃。如果一个字段对于后续的业务没有太多的帮助，或者该字段的缺失会导致数据处理脚本不能运行等，就可以直接删除。有的时候，虽然一个数据项目对业务很有帮助，但是难以通过直接或间接的方式补齐，也只能作罢。删除就是直接删除有缺失值的数据记录。这种方法明显存在缺陷，当出现以下情况时，直接删除并不合理：

- 大量的数据记录或多或少都存在属性缺失（如超过 30 %）；
- 存在属性缺失的数据记录都是同一类（如80%的男性用户均没有年龄信息）。

以上两种情况都会导致通过数据集推断出的结论不准确，因为大量携带有用信息的数据记录已被遗弃，于是又有了以下方法，即填补。

填补：是更为常用的一种处理方式。填补就是通过一定的方法将存在缺失属性的数据记录补全。通常可以采用如下方法。

- 利用业务知识和经验填充。例如，我们可以根据学生6~7岁上学这个常识对相应年级学生的年龄缺失情况进行补全。
- **利用其余数据记录的属性进行填补：比如针对缺失年龄属性的用户数据记录，我们可以采用对所有用户的年龄取均值、中位数、众数等方法进行填补。以取均值为例，可以使用全部用户的收入均值来补全那些尚未填写收入的数据。**
- 专家/用户填补：针对某些少量且具有重要意义的数据（特别是创业期），直接咨询行业专家或用户本人来进行数据填补。
- **利用当前数据记录的其余属性进行填补：比如针对缺失年龄属性的用户数**

**据记录，我们已知用户学历为本科，工作经验为3年，那么可以大致推断出该用户的年龄。**很多数据也包含一些隐性的意义，例如手机号可以反映用户的归属地。

其实，在掌握了不处理、删除及填补这3种方法后，我们还需要考虑一种特殊情况，就是当我们无法通过填补的方法补全缺失的属性，并且这些数据记录又无法进行删除时，可以将缺失值也视为一种类型，比如性别除男、女外，可以将缺失数据的用户均记录为未知。在数据分析时，这类用户将会作为一个特殊群体参与分析。

#### 2. 数据重复

产生数据重复大致有两个原因，一个是无意重复，另一个是人为重复。

对于无意重复，因素比较多。比如服务器采集上报时重复上报了，或者客户端异常导致重复数据记录操作，都属于无意中存多的重复。也有可能是统计口径不严谨导致的数据重复计算。比如，QQ和微信对外的月活跃用户数分别都有好几个亿，但是如果以用户账号这个ID属性来计算，那么这里面必然有重合的，因为一个用户可能有多个账号的情况，也就是同时使用QQ和微信，而对于这个人的ID属性，是重复的。

对于人为重复，多数可能是为了预防不可抗力的灾害而做的备份。比如对于现在的云计算服务器，将所有数据都放在一个机器上会很不安全，为了防止被黑客入侵、被自然灾害如火灾销毁等，要复制多份。而当这些数据被拉取出来放在一起的时候，就会出现数据重复的情况，必须要注意去重。

针对数据重复的情况，大部分时候我们都会直接使用数据去重的方法，简单的数据样本可以用Excel删除重复项，高阶的方法可以用数据库脚本如SQL进行重复删除，这些技能都是我们必须掌握的。

但一定要注意，有些场景我们是不能随意去重的，比如重复监控。

一般情况下，我们使用数据是用来分析的，直接去重不会对分析结果带来影响。但是一旦我们决定使用数据来监控业务风险，重复数据就不能随意忽略。比如同一个 IP 在一段时间内连续获取了多次短信验证码，这个重复记录可能说明相应短信验证码的业务出现了重大的规则问题，而且可能遭受了竞争对手的恶意攻击。因此，这些重复数据不能随意删除，产品经理可以通过这些重复值来发现自己设计的产品漏洞，并配合相关团队最大限度地降低给公司带来的损失。再比如，对于一些需要计算某页面或App功能的操作次数，需要对每次的使用行为做上报统计，在这种情况下，也是不能直接进行去重的，会导致数据无法做统计。

### 3. 数据异常

我们知道，提取的数据来自采集上报，那么就很难保证所有采集到的数据都是统一和规范的。这种不统一会给数据处理带来冲突，进而产生异常值。

比如数据格式的不统一导致的数据异常。我们在做数据处理时经常会遇到日期格式问题，如果在一份数据中出现了多种日期格式一，如“2017-3-14”“2017/3/14”“14/Mar/2017”，就要使用统一的方式进行规整，使数据格式统一。

有时由于用户填写错误或后台处理程序读取与编写错误，使得姓名、年龄、手机号码等位置错乱，这也势必使数据分析多了一层障碍。很多时候数据并没有缺失或异常，只是由于不符合常理而显示出异常的一面。例如，用户注册时将年龄输入为200、手机号码输入为13000000000等。一般情况下，通过常识性的推理，就可以判断这些数据属于异常的数据。在处理时可以通过不同字段间的数据进行相互推理印证，比如年龄或出生年月数据与身份证号就可以相互对照，检查数据正误。

和重复值一样，有些情况下我们是不能直接删除异常的数据记录的，而是需要采取保留的方式进行处理。

比如，异常值是业务部门在特定的活动中产生的，运营部门在App上利用某电商促销节点进行促销推广活动。促销活动导致营销数据突增，进而导致App的活跃数据在当天暴涨，这种异常情况，我们不能认为是真实的异常。这种异常数据如果被删除，反而无法评价本次活动的效果。

#### 4. 数据样本差异量非常大

对于数据样本差异量较大的情况，这里介绍一种处理方法，叫作数据的标准化归一。数据的归一，本质上就是把绝对的数量转变成相对的数量。

怎样理解绝对转变成相对？假设一个班里有三名同学，他们的体重分别是120斤、105斤与95斤。当需要转变成相对数量时，可以将上述三位同学的体重数据转换成1.2、1.05与0.95。经过这样的变换，我们可能并不清楚这些数值的意义，但能很清晰地知道它们的相对大小和比例关系。

进行归一化还有一个好处，就是可以避免极值问题。例如，一个统计指标是10，而另一个统计指标是10000，要在同一个图标上进行展示，几乎看不到10这个数据，因为已经被1000倍的比例稀释了。而如果进行归一化，就可以缩小这样的比例差距。这个现象或问题相信是绝大部分人经常遇到的。

归一化的方法有很多，下面用一个最大值和最小值的方法来说明如何进行标准化归一处理。

比如，将表3-3所示的渠道1和渠道2的新增数据放在一个图表中进行横向对比，观察谁的新增趋势更加明显。

从数据中可以看出，渠道1的数据是10万级别的，而渠道2的数据只是千级别的，如果放在一个图表中，就会出现如图3-6所示的情况。

表 3-3 渠道 1 和渠道 2 的新增数据

| 月份 | 渠道1新增 | 渠道2新增 |
| --- | --- | --- |
| 1 | 109384 | 4176 |
| 2 | 117378 | 4198 |
| 3 | 139908 | 4247 |
| 4 | 150098 | 4376 |
| 5 | 179887 | 4498 |
| 6 | 209877 | 4578 |
| 7 | 219887 | 4698 |
| 8 | 228766 | 4834 |
| 9 | 248067 | 4934 |
| 10 | 267899 | 5078 |

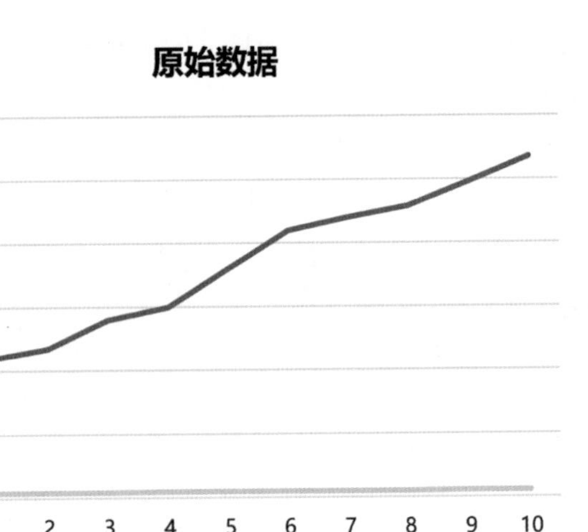


图 3-6　数据趋势图

在图3-9中，渠道2的数据被渠道1的数据稀释了，从而看不出渠道2的变化趋势。

针对这种情况，需要先进行归一化处理，这里用最大值和最小值的方法进行处理，效果如图3-7所示。

|  | A | B | C | D | E |
|---|---|---|---|---|---|
| 15 | 标准化归一，最大值和最小值方法 | | | | |
| 16 | 月份 | 渠道1新增 | 渠道2新增 | 渠道1新增(归一) | 渠道2新增(归一) |
| 17 | 1 | 109384 | 4176 | 0.00 | 0.00 |
| 18 | 2 | 117378 | 4198 | 0.05 | 0.02 |
| 19 | 3 | 139908 | 4247 | 0.19 | 0.08 |
| 20 | 4 | 150098 | 4376 | 0.26 | 0.22 |
| 21 | 5 | 179887 | 4498 | 0.44 | 0.36 |
| 22 | 6 | 209877 | 4578 | 0.63 | 0.45 |
| 23 | 7 | 219887 | 4698 | 0.70 | 0.58 |
| 24 | 8 | 228766 | 4834 | 0.75 | 0.73 |
| 25 | 9 | 248067 | 4934 | 0.87 | 0.84 |
| 26 | 10 | 267899 | 5078 | =(C26-C$28)/C$29 | |
| 27 | max | 267899 | 5078 | | |
| 28 | min | 109384 | 4176 | | |
| 29 | max-min | 158515 | 902 | | |

图 3-7　将数据进行归一化处理

这时，渠道1和渠道2的新增数据均会转换成0~1的标准化数据，然后进行图表转换，效果如图3-8所示。

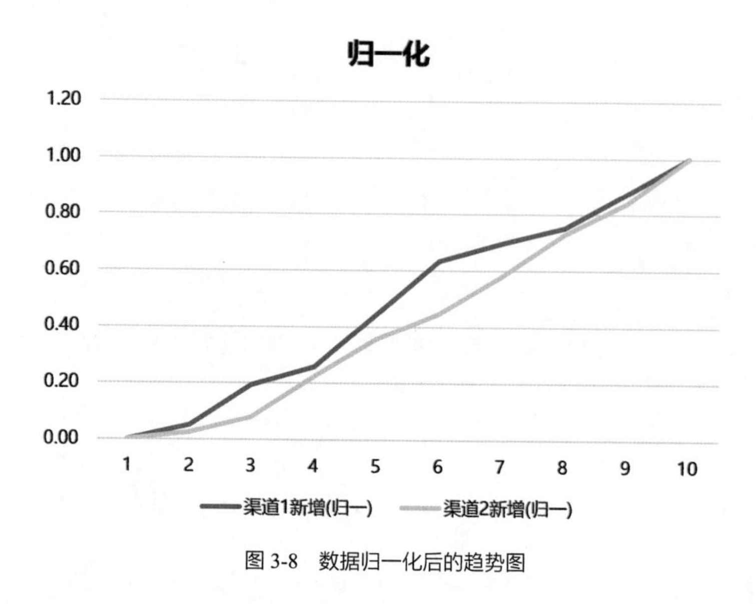


图 3-8　数据归一化后的趋势图

数据的异常情况处理需要根据实际的业务进行分析，面对“脏”数据，首先要追寻问题出现的原因，在确保数据来源没有问题后，再针对缺失值采取不处理、删除、填补或保留并转化，而针对重复值和异常值通常会进行删除和保留。作为数据产品经理或运营经理，要从数据预处理阶段就参与其中，结合公司的业务需要合理地针对数据预处理给出产品方案，帮助公司更有效地进行决策。

# 第4章

# Chapter 4

# 业务模块<br>决定分析方法的适用场景

对于专业的数据分析人员来说，只知道对比分析、结构分析、RFM模型、AARRR模型、魔法数字分析、漏斗分析、相关性分析这些数据分析方法，还是有些局限性的。为什么这样说呢？一是因为这些方法非常具体，没有与具体业务挂钩；二是因为本身能想到的或能列举出来的分析方法可能并不完整，随着整个行业技术的提升肯定会出现新的方法；三是把分析方法固定化了，其实同一种分析方法在不同的业务模块下使用的方式也不相同。本章将重点从业务视角出发，在业务模块中，通过解决具体问题，给出分析方法。

一直在强调分析师的大局观，这在业务模块上也得到体现，整个业务模块实际上是从宏观走向微观的过程，像行业分析、市场规模预测都是宏观整体的，而渠道分析、产品分析都是微观范畴的。如果脱离了微观，没有找到该行业目前的底层问题，那么这些宏观分析是没有实际价值的。

本章内容包括行业分析、市场规模预测分析、渠道质量评估、产品分析、运营活动分析、用户增长分析6大业务模块，在每个业务模块中用案例阐述具体方法，使读者理解得更加透彻。

## 4.1 行业分析

有了业务和目标，并且对整体目标进行细分拆解后，接下来就进入真正的分析过程了。在所有的分析方法中，行业分析可以说是最通用，也是最难的。行业分析是指对某个行业进行系统性或建设性的研究，一般包括市场规模、竞品研究、发展趋势三部分。

在职场中，有时会遇到领导突然交代要对某个行业做一次快速分析，大概一周的时间就要给出分析报告。据笔者观察，这类分析报告大多是一些资料的搜集和整理汇报，如：

- 市场规模：市场营收趋势和趋势“天花板”。
- 竞品研究：竞品的功能和一些销售数据。
- 发展趋势：整个行业未来的挑战和机会。

像这样只有简单的信息搜集和整理，没有提出落地建议的行业分析报告是价值很小的。

那么，究竟如何才能做出高质量的行业分析报告？

建议行业分析报告按如下4个步骤来制作。

（1）行业分析的目的确认。

（2）系统性资料的搜集和整理。

（3）找到行业的痛点。

（4）形成自己的策略和观点。

### 4.1.1　行业分析的目的确认

先举一个例子，笔者工作不久，所任职的部门接到领导任务，要求写一篇长视频行业的分析报告，我们花了2天的时间去研究和分析。

我们首先分析了整个长视频行业的规模，如图4-1所示为部分效果图。

**用户增速和整体市场收入大盘增加但增速放缓，广告收入持续下降，更多收入流向视频增值服务**

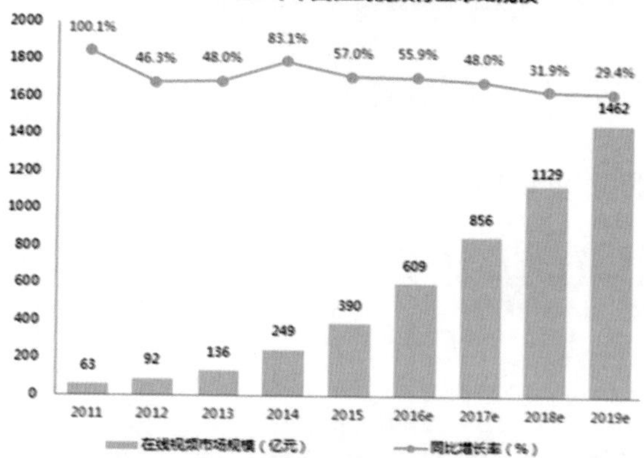

来源：艾瑞资源《中国在线视频市场分析》

图 4-1　行业规模分析部分效果图

然后进行竞品分析，看会员数和MAU，包括重合用户数比例，部分效果图如图4-2所示。

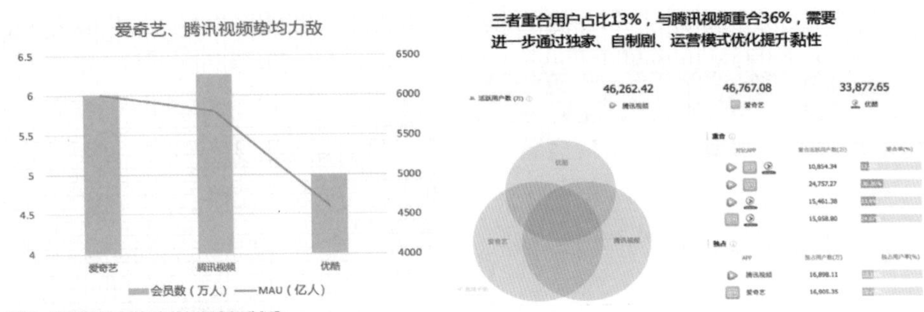


图 4-2　竞品分析部分效果图

最后结合SWOT分析法分析长视频行业的机会及威胁点，如图4-3所示。

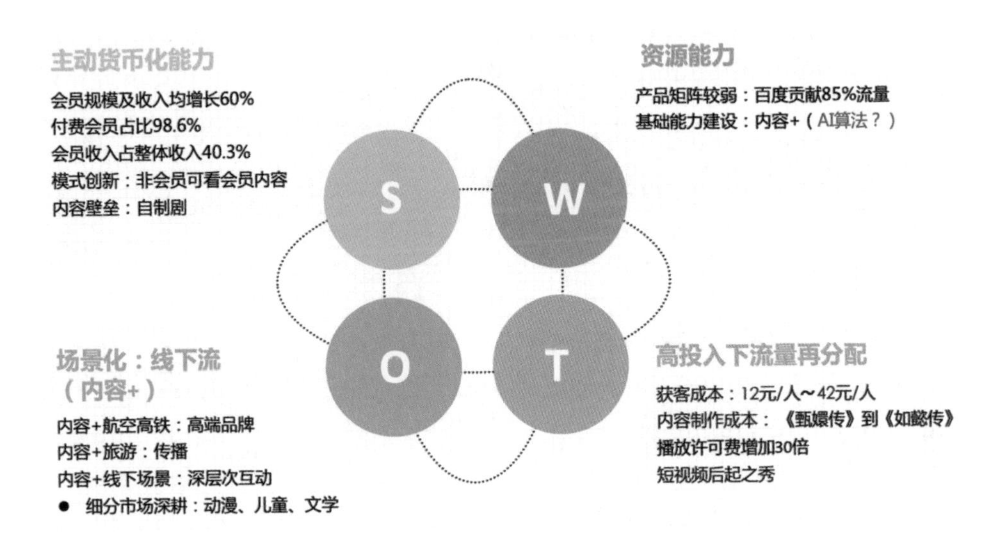


图 4-3　长视频行业的机会及威胁点效果图

从上面几个图可以看出，该报告最大的问题是没有目的，只是单纯地罗列信息，报告使用者看完没有深刻印象。

所以，在做行业分析之前，一定要问清楚分析的背景和目的，也就是为什么要做这个分析。只有搞清楚这个问题，才能有重点地搜集和分析。分析的目的一般分为以下4种情况。

- 当对某个领域不了解，只想通过行业分析来了解大概情况时，分析的侧重点应该是宏观完整性和全面性。
- 如果只是单纯地想研究竞品，那么分析的侧重点应该是产品的业务流程、交互体验和界面UI、商业化打法、规模、资源投入和核心价值。这里的竞品建议用波特五力模型去分析。
- 某个行业很成熟，已融入人们的生活，当想对该行业的头部用户进行研究时，分析应该侧重于历史产品功能迭代、数据表现、业务形态。
- 当对某个行业有一些了解，正在准备转型该行业时，分析的侧重点应该是聚焦1~2个机会点，然后尝试切入。

## 4.1.2 系统性资料搜集和整理

### 1. 第一轮：整体认知

了解了行业分析的目的之后，接下来就可以进行资料搜集了，很多人在这个环节不知道用什么工具和专业数据库，这里统一展开讲解。一般来说，我们需要搜集的对象可以分为宏观和微观两类。

宏观指行业现状和市场规模。

这里建议读者多去找一些行业分析的宏观报告，以便有一个宏观的了解。

艾瑞咨询、易观、埃森哲、DCCI互联网数据中心官网都可以查找，例如我们要搜索短视频行业，就可以在艾瑞咨询中找到很多报告，如图4-4所示。

# 核心摘要

**中国资讯短视频行业发展背景及现状**
需求端：移动互联网发展推动用户短视频文化消费习惯成熟
供给端：媒介融合背景下，主流媒体发力布局短视频业务
社会价值：资讯短视频媒体坚守媒体责任，使有价值的内容广泛传播、深入人心
营销价值：优质内容及流量奠定传播基础，创意营销玩法锦上添花

**中国资讯短视频用户行为**
多渠道：短视频用户在多平台获取资讯和观看资讯短视频，最常用短视频平台
碎片化：用户多在早上通勤、午间休息及傍晚下班后等碎片时间观看资讯短视频内容
高频次：超半数用户每天多次观看资讯短视频，且每次平均观看条数达14条
好分享：资讯短视频用户乐于点赞和收藏，且分享意愿良好

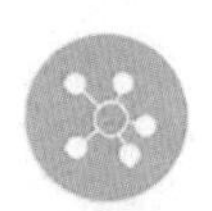

**中国资讯短视频用户画像**
八成用户已婚，80后、90后男性用户居多，超60%为企业工作者；本科及以上用户达77.6%，个人月均收入一万元以上的达到41.3%；一二线城市用户居多，南方用户相对北方用户更为活跃

**中国资讯短视频用户营销价值**
44.2%的资讯短视频用户对网络广告态度积极，对不同类型的短视频营销接受度高；用户观看广告后行为积极，消费较为理性，注重品牌及性价比，对金融理财、旅游和3C数码产品关注度最高

图 4-4　短视频行业分析的宏观报告

微观指产品版本和数据表现。

很多读者不知道如何查找这部分数据，直接能用的数据是没有的，都是第三方公司通过一些间接的方法来推算的数据。可以先找到行业的一些头部产品，然后对应地找数据。

产品版本数据可以从鸟哥ASO、App Store、App Annie和百度指数中查找。

产品下载数据可以从各个厂商应用平台、酷传中查找。

App活跃用户数可以从QuestMobile中查找。

Google对外披露的一些官方数据也可以使用。

有些报告需要付费，如QuestMobile的音乐App月活数据，这个费用对于企业来说应该问题不大。如图4-5所示为QuestMobile上关于在线音乐典型App月活跃用户规模对比图。

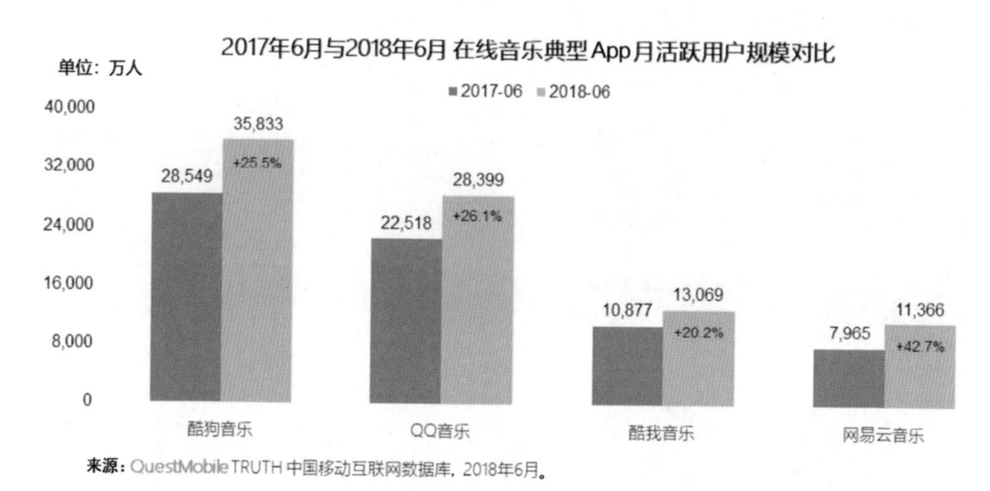


图 4-5 QuestMobile 上关于在线音乐典型 App 月活跃用户规模对比图

有了第一轮的资料搜集和查看，就会对该行业有一些了解。但是信息太杂、太多，导致没有清晰的认知框架，这时就要进入第二个阶段——建立认知框架。

### 2. 第二轮：建立认知框架

可以看出第一轮是没有重点的，更多的是信息的浏览，而下一步就是信息的整理。这时要借助一些行业分析模型，通用的模型有PEST模型、波特五力模型、SWOT分析模型。

- PEST模型：包括政策、经济、社会、技术四大部分，适用于顶层的宏观分析。
- 波特五力模型：包括行业现有直接竞品、替代品的替代能力、上游供应商的讨价能力、下游买方市场的议价能力和潜在新进入者。

**小贴士：** 波特五力模型给我们最大的一个启发就是，在分析竞争对手时，不能只关注现有的直接竞品，其他的竞争方也都要考虑到。所以，在分析行业竞品时，先找一张行业整体图谱，然后在其基础上仔细研究，如图4-6所示为中国大数据服务行业产业链。

图 4-6 中国大数据服务行业产业链

- SWOT模型，包括优势、劣势、机会、威胁四个部分，最大的难点是如何有效地区分四个部分，找来找去都是那么几个点。这时可以从市场、用户、产品、渠道、收入、成本几个方面来做划分。

优势：从产品和渠道出发，如产品体验和线上、线下多渠道优势。

劣势：从渠道和成本出发，如渠道性价比低、终端获取成本太高。

机会：从用户和市场出发，如用户仍处于增长期、在某个新兴市场仍然有挖掘空间。

威胁：从市场和收入出发，如其他市场进入，现有市场可能萎缩，用户营收下降。

在这个阶段，我们通过一些分析模型的帮助，已经能够有条理地理解该行业了。同时，在该阶段对搜集的资料都要进行单独保存（除链接外还要有一些截图），后续直接使用即可（经常遇到的一个问题是资料突然找不到了）。

### 4.1.3 找到行业的痛点

如果只是停留在通过已有数据的搜集和信息整理，进行一些简单的模型套路分析，那么给出的只是一份描述性报告，价值不会特别大，而我们需要的是建议类报告或落地类报告。

要提供建议或落地方案，首先要找到切入点。这里给出的建议是通过行业痛点来切入的，通过提问题的方式展开。

- 行业的痛点有哪些?
- 哪几个痛点是最关键的，必须要解决?
- 对于这些痛点，如何结合自身的专业性来解决?

这样做的好处是，通过前面的资料搜集和分析模型，已经对该行业有了系统的认知。针对行业痛点，可以利用自身的专业去解决，给出建议和落地方案，这样就虚实结合了。那么，如何去找行业痛点呢?

（1）最好的方法是利用自身的人脉找该行业的人交流，这样最快也最有效，前面提到大行业的指标体系，也是通过这种方法来沟通获取的。另外，通过交流也可以看出交流对象是否有这种痛点意识。

（2）在找到该行业的人之后，如何获取有效的信息呢? 一般来说，可以从以下几个方面去沟通。

- 当前的主营业务是什么? 业务规模如何?
- 业务前端情况（APP、小程序、公众号、Web），如日活、月活、日PV数据如何?
- 各业务及前端关键考核指标怎样? 完成情况如何?

- 当前业务创新的突破口是什么？痛点是什么？
- 各业务对应的组织和人员结构是怎样的？
- 未来拓展方向及推进计划是什么？
- 当前业务产品使用场景、使用角色和各角色业务目标分别是什么？
- 使用的产品有哪些？供应商是哪些？
- 产品使用过程中有哪些痛点？前3个痛点是什么？
- 对新的产品在业务目标上有什么样的期望？
- 整个行业的现状是怎样的？有哪些痛点？哪个需要优先解决？
- 行业目前的一些头部用户数据如何？业务发展怎样？他们有哪些痛点？

可以看出，需要先从竞争对手已经着手的业务出发，然后了解一些产品使用的情况（如果我们要切入，肯定也是要有产品的），最后才是对行业的一些痛点的了解。这样做是一个循序渐进的过程，而且能看出对方的了解深度，还能够前后交叉验证信息准确性。

（3）如果没有人脉，那么这个时候最好的工具就是Google。在搜索时，像“腾讯云”“阿里云”“经济学人”就是非常不错的关键词，因为这些公司的文章都会写得很专业，如通过Google搜索“地产行业”，发现房地产行业的痛点有“营销模式单一”，如图4-7所示。

将与行业内业务人员的沟通结果和线上搜索关键词相结合，我们会发现房地产行业在营销模式上确实有很大的痛点，而刚好这里与自身的专业能够结合，下一步就是围绕该痛点提出建议，形成自己的策略和观点。

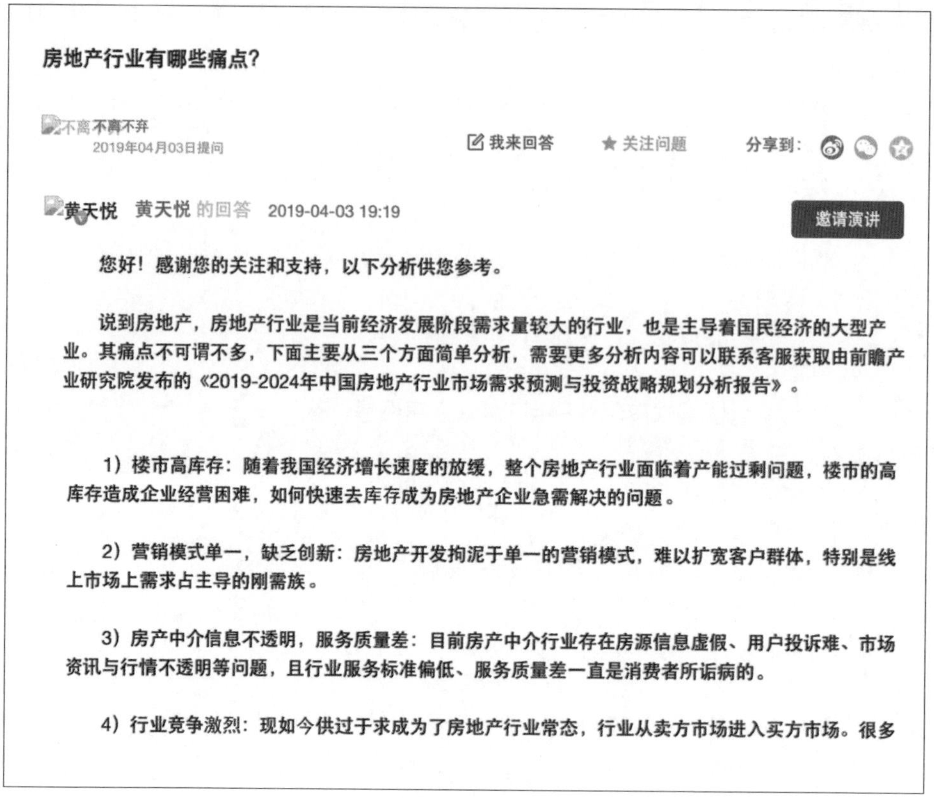

**房地产行业有哪些痛点?**

不离不弃
2019年04月03日提问

我来回答　★ 关注问题　分享到：

黄天悦　黄天悦 的回答　2019-04-03 19:19　邀请演讲

您好！感谢您的关注和支持，以下分析供您参考。

说到房地产，房地产行业是当前经济发展阶段需求量较大的行业，也是主导着国民经济的大型产业。其痛点不可谓不多，下面主要从三个方面简单分析，需要更多分析内容可以联系客服获取由前瞻产业研究院发布的《2019-2024年中国房地产行业市场需求预测与投资战略规划分析报告》。

1）楼市高库存：随着我国经济增长速度的放缓，整个房地产行业面临着产能过剩问题，楼市的高库存造成企业经营困难，如何快速去库存成为房地产企业急需解决的问题。

2）营销模式单一，缺乏创新：房地产开发拘泥于单一的营销模式，难以扩宽客户群体，特别是线上市场上需求占主导的刚需族。

3）房产中介信息不透明，服务质量差：目前房产中介行业存在房源信息虚假、用户投诉难、市场资讯与行情不透明等问题，且行业服务标准偏低、服务质量差一直是消费者所诟病的。

4）行业竞争激烈：现如今供过于求成为了房地产行业常态，行业从卖方市场进入买方市场。很多

图 4-7　搜索到的地产行业的痛点

## 4.1.4　形成自己的策略和观点

当前的房地产行业在营销上很难获取精准购房群体，特别是在线上获客更难。那么，可以通过大数据和模型来获取有潜在买房需求的用户，具体实现步骤如下。

（1）地产公司先提供一批已经购房的样本和未购房的样本（相当于正负向样本），我们利用机器学习模型和大数据来训练特征。

（2）地产公司再提供一些未购房的样本，利用已经训练好的模型和数据，对这些未购房群体进行打分，筛选出高意向的用户。

（3）把筛选出的高意向的用户反馈给地产公司，地产公司去做短信或外呼测试，查看效果，结合效果再做模型优化，如图4-8所示。

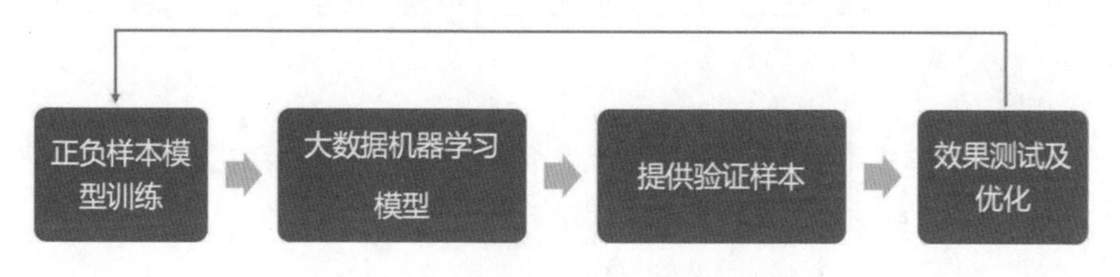


图 4-8　获取精准购房群体实现步骤

可以看出，整体逻辑很清晰，再多想一步，这里面可能有一些细节要解决，如图4-9所示。

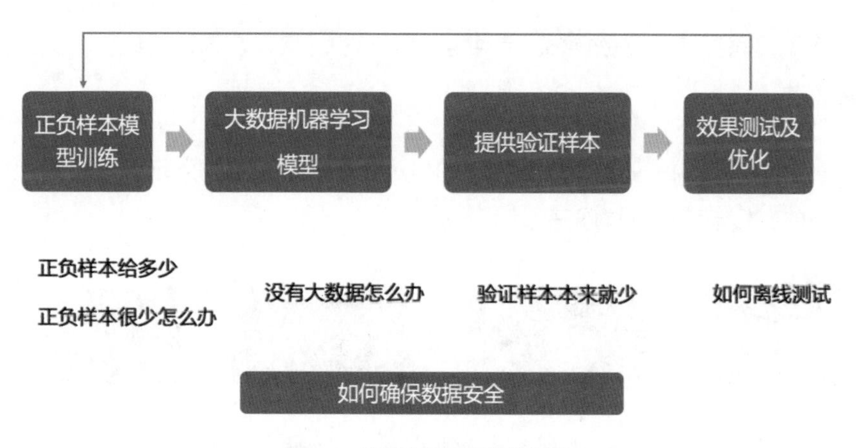


图 4-9　实现步骤中存在的细节

- 机器学习模型本身比较好解决，但是缺乏一些数据怎么办（因为地产行业本身是没有什么数据的，这个时候只能借助外部数据）？这时就需要去找一些大数据公司（如运营商、银行、头部互联网公司），据笔者所知这些公司对数据变现也有很大需求。

- 给地产公司做短信或外呼测试是有成本的，属于线上验证模型，那么离线情况下如何验证呢？可以这样：地产公司在验证阶段再提供一批正负样本，但不告诉我们谁正谁负，我们打分就好，然后地产公司通过分数在正负样本中对比分析。

- 整体过程涉及数据交互，如何确保企业数据的安全性？如果地产公司不愿意提供正负样本数据怎么办？

上述所有的思路都离不开数据隐私，随着国家对数据隐私的保护力度越来越大，有没有什么突破点去解决数据隐私和用户授权问题？

读者可以想一想，一旦带着这个思路去解决这个行业痛点，别人听了或看了会是什么感觉？感觉你非常有想法、很专业，而且把细节都考虑到了，如果你是去面试的话，面试官肯定会很激动，认为你就是他要找的人。

无论是写报告还是去面试，都要发挥自己的优势，这样才能让价值最大化，也最有效。

一份有亮点的行业分析报告可以总结为四步，如图4-10所示。在日常观察一个行业的时候都可以这样展开。

图 4-10　行业分析报告的内容

# 4.2 市场规模预测分析

每家公司的分析师到年底都要做一件事：基于当前的业务数据对明年的规模做预测，然后向上级汇报。很多分析师在做这件事的时候非常头疼，更多的是靠“拍脑袋”，但依然要有底层数据逻辑。其实市场规模预测分析非常考验分析师的水平，一份好的市场规模预测分析报告能够很清晰地给出接下来产品的发展路线。

一般来说，行业内有两种方法来解决预测问题：时间序列预测法和用户构成预测法。

## 4.2.1 时间序列预测法

时间序列是指一串按时间顺序生成、等时间间隔的数据序列。像月活跃用户数、日交易额、每小时产出量都是时间序列。如果一个时间序列的取值可以通过数学函数表达，如$h=\frac{1}{2}gt^2$，则称为确定性时间序列。在工作中，时间序列的未来值都是通过概率分布的形式来描述的，被称作统计时间序列。

如中国飞往泰国的航班座位数，虽然以往每个月的座位数是已知的，每个月的数据也呈现明显波动，但要想准确地知道接下来每个月的座位数，只能通过概率进行预测。

时间序列分析的方法是根据时间序列观测间的依赖性特征来建立模型的，所以对该依赖性特征的识别很重要。此部分理论比较复杂，这里不详细阐述，只重点讲述在工作中最简单的非平稳型确定性时间趋势模型，也就是用拟合法来预测因变量。常见的有4种函数拟合法。

### 1. 非平稳型确定性时间趋势模型

（1）线性函数。

如果长期趋势呈现出线性特征，那么可以用线性模型来拟合它，具体模型为：

$$y(t)=a_1+a_2\times t$$

（2）二次函数。

如果长期趋势呈现出二次函数特征，那么可以用二次函数模型来拟合它，具体模型为：

$$y(t)=a_1+a_2\times t+a_3\times t\wedge 2$$

（3）对数函数。

如果长期趋势呈现出对数函数特征，那么可以用对数函数模型来拟合它，具体模型为：

$$y(t)=a_1+a_2\times \log t$$

（4）指数函数。

如果长期趋势呈现出指数函数特征，那么可以用指数函数模型来拟合它，具体模型为：

$$y(t)=a_1\times \exp(a_2\times t)$$

案例：某款工具产品近两年的MAU（月活跃用户数）数据如表4-1所示，需要分析师来预测未来一年的MAU表现。

表 4-1　某款工具产品近两年的 MAU 数据

| 时间 | MAU（万人） |
| --- | --- |
| 2019年4月 | 1300 |
| 2019年5月 | 1400 |
| 2019年6月 | 1450 |
| 2019年7月 | 1350 |
| 2019年8月 | 1300 |
| 2019年9月 | 1450 |
| 2019年10月 | 1500 |
| 2019年11月 | 1600 |
| 2019年12月 | 1700 |
| 2020年1月 | 1650 |
| 2020年2月 | 1600 |
| 2020年3月 | 1780 |
| 2020年4月 | 1800 |
| 2020年5月 | 1900 |
| 2020年6月 | 1920 |
| 2020年7月 | 1820 |
| 2020年8月 | 1720 |
| 2020年9月 | 1800 |
| 2020年10月 | 1900 |
| 2020年11月 | 2050 |
| 2020年12月 | 2100 |
| 2021年1月 | 2150 |
| 2021年2月 | 2050 |
| 2021年3月 | 2100 |
| 2021年4月 | 2150 |

对表4-1中的数据进行不同模型拟合。

线性函数模型：$y$=35.731$x$+1277.1，$R^2$=0.9138（$R$为相关系数）。

二次函数模型：$y$=0.1871$x^2$+40.596$x$+1255.2，$R^2$=0.9148。

指数函数模型：$y=1310.7\exp(0.0209\times x)$，$R^2=0.9047$。

对数函数模型：$y=293.1\ln x+1061.6$，$R^2=0.7901$。

结合拟合误差，此处选择线性函数模型来预测，得出接下来12个月的预测值，如图4-11所示。

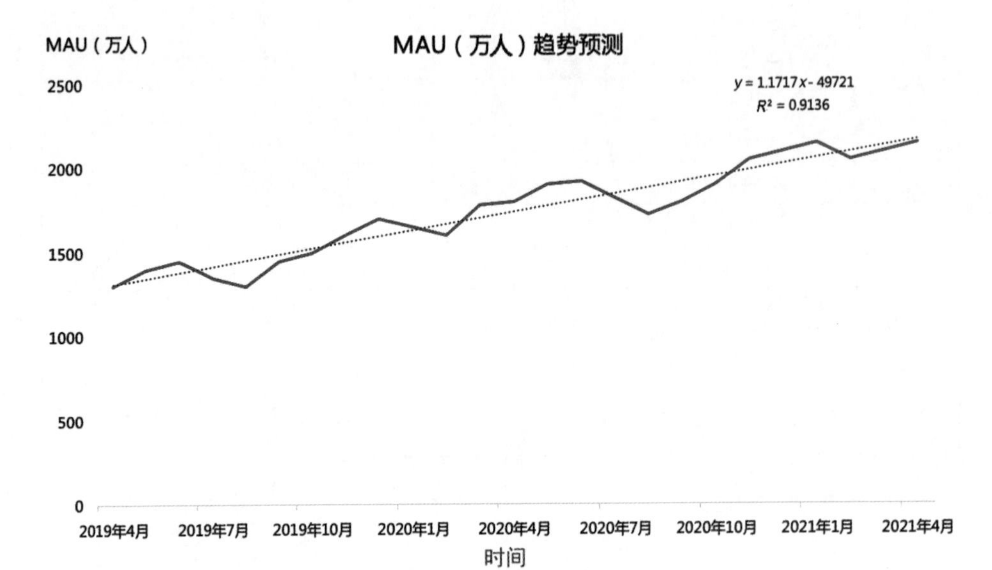


图 4-11 MAU 趋势预测

注意，在时间序列模型中，会将时间序列$x$转换为1,2,3,4……序列数值。

实际上，不管用哪种模型，缺陷都非常明显：原始数据在6—8月明显是下降趋势的，但此处4个模型都是持续增长趋势的，也就是说，这些模型并不能很好地洞察数据内的业务规律。这也是时间序列在工作中不受待见的原因之一，往往很难用通俗易懂的语言去解释数据的波动。

### 2. 平稳型时间序列模型

平稳型时间序列（均值方差不随时间改变，数值变化都在一个固定的均值水平上，有固定的误差）模型包括3种：自回归模型、移动平均模型、回归平均混合模型。它们也是时间序列中的3种经典模型。

（1）自回归模型：时间序列的当前$y$值是有限的先前$y$值的线性组合和一个干扰。

$$y(t)=a_1\times y(t-1)+a_2\times y(t-2)+\ldots+a_p\times y(t-p)+x$$

（2）移动平均模型：基于自回归模型，对$y(t-1)$、$y(t-2)\ldots y(t-p)$进行替换，可以将$y(t)$表示为$x$的无限加权和，假设$y(t)$线性依赖于有限个$x$的过去值，如$y(t)=x(t)-a_1\times x(t-1)-a_2\times x(t-2)-\cdots-a_q\times x(t-q)$，则定义为符合移动平均模型。

（3）混合模型：将自回归模型和移动平均模型结合。

$$y(t)=a_1\times y(t-1)+a_2\times y(t-2)+\ldots+a_p\times y(t-p)+x(t)-a_1\times x(t-1)-a_2\times x(t-2)-\cdots-a_q\times x(t-q)$$

记为$(p, q)$阶混合模型。

对于所有的平稳型时间序列，都可以用上述3种模型来建模。在实际应用中所有的软件都自带这些模型，直接使用即可算出所有系数。

### 4.2.2　用户构成预测法

时间序列更多的是从算法模型的角度去看数据的变化趋势，有点像外部分析；而用户构成预测法刚好相反，从每年业务增长配套资源出发，去看数据如何变化，比较像内部分析。以年收入预测为例：

年收入=1月收入+2月收入+⋯+12月收入

=1月用户数×1月人均交易额+2月用户数×2月人均交易额+⋯+12月用户数×12月人均交易额

在真实业务中，每个月的用户数和人均交易额是非常受内部资源影响的，比如在1月，其他产品都会给预测产品引流，可以想象会带来多少用户增长，这些在时间序列里没法得到体现。也就是说，每年的数据都受当年内部资源因素和外部环境因素的影响，因此在预测时都要考虑这些因素。

影响因素包括月用户数和月人均交易额，这里以月用户数的预测为例，采用公式法。

本月MAU=本月新增UV+本月复购UV+本月回流UV
=本月新增UV+上月MAU×上月MAU本月复购率+本月回流UV
=本月自然新增UV+本月买量新增UV+上月MAU×上月MAU本月复购率+本月回流UV

也就是：

月MAU=月自然新增UV+月买量新增UV+上月MAU×上月MAU本月复购率+月回流UV

本月自然新增UV：每个月外部用户主动进入产品或进行业务体验的用户数，基本上比较稳定。

本月买量新增UV：每个月从各个渠道引流或付费激励带来的用户数，在线下网点做促销和线上注册都属于该范畴，和渠道政策、激励程度强相关。

上月MAU：上个月的月活跃用户数，可以看出在该公式中最早是一个循环计算。

上月MAU本月复购率：上月月活跃用户数中有多少比例的用户本月仍然产生了相关行为如购买，该比例就是复购率。

本月回流UV：上一个周期没有产生行为的老用户，在当前周期又产生了相关行为。以3月为例，在2月未产生相关行为的老用户，在3月又产生了相关行为。在实际预测中，这部分用户的行踪规律最难把控，往往会和渠道的激励政策有关。

案例：某产品/业务近一年每个月MAU及相关拆解指标数据如表4-2所示，预测2021年每个月MAU（单位：万人）。

表 4-2 某产品 / 业务近一年每个月 MAU 及相关拆解指标数据

| 月份 | 本月自然新增UV（万人） | 本月买量新增UV（万人） | 上月MAU（万人） | 上月MAU本月复购率（万人） | 本月回流UV（万人） | 本月MAU（万人） |
|---|---|---|---|---|---|---|
| 2019年12月 | — | — | — | — | — | 1000 |
| 2020年1月 | 30 | 60 | 1000 | 80% | 135 | 1025 |
| 2020年2月 | 30 | 60 | 1025 | 82% | 135 | 1066 |
| 2020年3月 | 30 | 60 | 1066 | 80% | 135 | 1077 |
| 2020年4月 | 30 | 60 | 1077 | 82% | 135 | 1108 |
| 2020年5月 | 30 | 80 | 1108 | 82% | 165 | 1184 |
| 2020年6月 | 30 | 80 | 1184 | 85% | 165 | 1281 |
| 2020年7月 | 50 | 80 | 1281 | 80% | 195 | 1350 |
| 2020年8月 | 50 | 80 | 1350 | 78% | 195 | 1378 |
| 2020年9月 | 30 | 60 | 1378 | 83% | 135 | 1369 |
| 2020年10月 | 30 | 60 | 1369 | 84% | 135 | 1375 |
| 2020年11月 | 30 | 80 | 1375 | 85% | 165 | 1444 |
| 2020年12月 | 30 | 80 | 1444 | 85% | 165 | 1502 |

在表4-2中，最后一列“本月MAU”是通过前面各项计算得出的。

通过以上历史数据，我们先看有哪些规律。

本月自然新增UV：除7月和8月外，每个月自然新增数量都在30万人左右，也就是说，该产品自然新增量相对稳定，通过进一步了解业务得知，7月、8月是暑期手机换机高峰，所以自然新增数量增加。

本月买量新增UV：每个月买多少量基本上都是渠道运营人员说了算，同时这件事也是提前规划的。可以看出，过去一年每年的买量新增UV在60万~80万人，同时在月中和月末都会加大买量（可能与年中和年终的KPI冲刺有关）。

上月MAU本月复购率：月复购率指标波动相对较大，在7月、8月（暑假）是波谷，在11月、12月是波峰，整体区间是78%~85%。

本月回流UV：本月回流UV明显与本月买量新增UV呈正比，进一步计算发现两者刚好是1.5倍关系，同时对于回流用户，日常可干预的手段不多。

基于以上规律，该产品/业务的MAU依赖两个核心变量：本月买量新增UV和上月MAU本月复购率。再细想一下，这两个变量刚好对应渠道和产品，每个月买多少新增，渠道运营人员做统筹计算；复购率提升到多少，产品通过自身迭代就会提升该指标。因此需要分别找到渠道方和产品方，让他们提供2021年的KPI规划，然后就可以根据上述综合分析得出2021年每个月的MAU，具体如表4-3所示（单位：万人）。

表 4-3　2021 年每个月的 MAV

| 月份 | 本月自然新增UV（万人） | 本月买量新增UV（万人） | 上月MAU（万人） | 上月MAU本月复购率（万人） | 本月回流UV（万人） | 本月MAU（万人） |
|---|---|---|---|---|---|---|
| 2020年12月 | — | — | — | — | — | 1502 |
| 2021年1月 | 30 | 80 | 1502 | 83.0% | 165 | 1522 |
| 2021年2月 | 30 | 80 | 1522 | 83.5% | 165 | 1546 |
| 2021年3月 | 30 | 80 | 1546 | 84.0% | 165 | 1573 |
| 2021年4月 | 30 | 80 | 1573 | 85.0% | 165 | 1612 |
| 2021年5月 | 30 | 80 | 1612 | 84.8% | 165 | 1642 |
| 2021年6月 | 30 | 80 | 1642 | 84.8% | 165 | 1668 |
| 2021年7月 | 50 | 80 | 1668 | 84.5% | 195 | 1734 |
| 2021年8月 | 50 | 80 | 1734 | 83.0% | 195 | 1764 |
| 2021年9月 | 30 | 80 | 1764 | 86.0% | 165 | 1792 |
| 2021年10月 | 30 | 80 | 1792 | 86.5% | 165 | 1825 |
| 2021年11月 | 30 | 100 | 1825 | 87.0% | 195 | 1913 |
| 2021年12月 | 30 | 100 | 1913 | 88.0% | 195 | 2008 |

到了2021年再去看每个月实际数据与预测数据的差距，寻找原因做针对性调整，然后通过上述公式重新计算和预测。该方法对于收入的预测同样适用。

## 4.3 渠道质量评估

通过对前面两节内容的学习，读者对行业和业务整体有了一些了解，接下来看看业务细节。在所有的行业业务中，均涉及渠道的概念，特别是当前全渠道推广运营非常“热”。如果你在互联网行业，那么常用的渠道可能是应用商店、信息流、PC官网、百度搜索、美团运营位；如果你在很传统的行业，那么常用的渠道可能是各个线下门店；而在一些有互联网特性的传统行业，常用的渠道不仅有线下门店，还有线上的App、小程序、公众号，这里面就涉及线上下单到线下服务、线下推广到线上消费等跨渠道的行为。凡是能和用户发生互动（触点）的载体都可以称为渠道。

以在百度搜索“外卖”为例，搜索结果及后续操作如图4-12所示。

点击首位广告后，会依次进入文案展示页、落地页、下载页，用户可以进行后续一系列操作，实际上这个链路非常通用，人们经常收到的各种短信广告也是如此。

无论是线上渠道还是线下渠道，永远都离不开两个问题：ROI和作弊率。

ROI：即收入/成本，渠道推广本身是要成本的，就看投入产出比怎么样。

作弊率：渠道在推广的过程中涉及激励、收入分成，有交易的地方就容易出现灰色问题，因此要看渠道是否进行了某种作弊，如刷量。

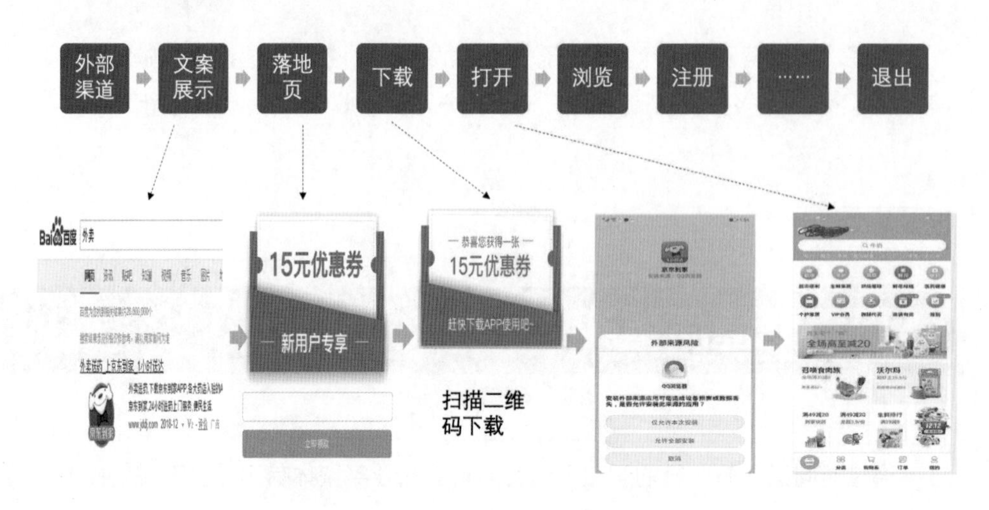


图 4-12　在百度搜索“外卖”的结果及后续操作

## 4.3.1　渠道的定义、分类和管理

渠道是指产品在推广（从生产者到消费者）的过程中，需要依靠的途径或通道。我们看到的小区门店、商超、海报、电梯间广告屏、公交车LED屏、停车场出口围栏都是线下渠道，而像自媒体文章底部的App开屏、小程序广告位、游戏加载页、视频暂停页都是线上渠道。有了初步的概念之后，就会有一个问题：这么多渠道，数据分析师如何才能更好地分类呢？可以根据是否付费将渠道分为免费和付费两种，再根据拓展合作方来做进一步拆分。在工作中会对渠道进行2~3次层级划分，如图4-13所示。

免费渠道：不需要花钱就可以带来用户的互动，分为自然进入和内部导流。自然进入是指用户主动寻找来完成消费，如用户主动去应用商店搜索并下载腾讯视频、去电信营业厅办理5G升级业务。内部导流是指产品矩阵间的相互导流，如在微信内阅读文章和看视频分别是帮助QQ浏览器导流和视频号导流。

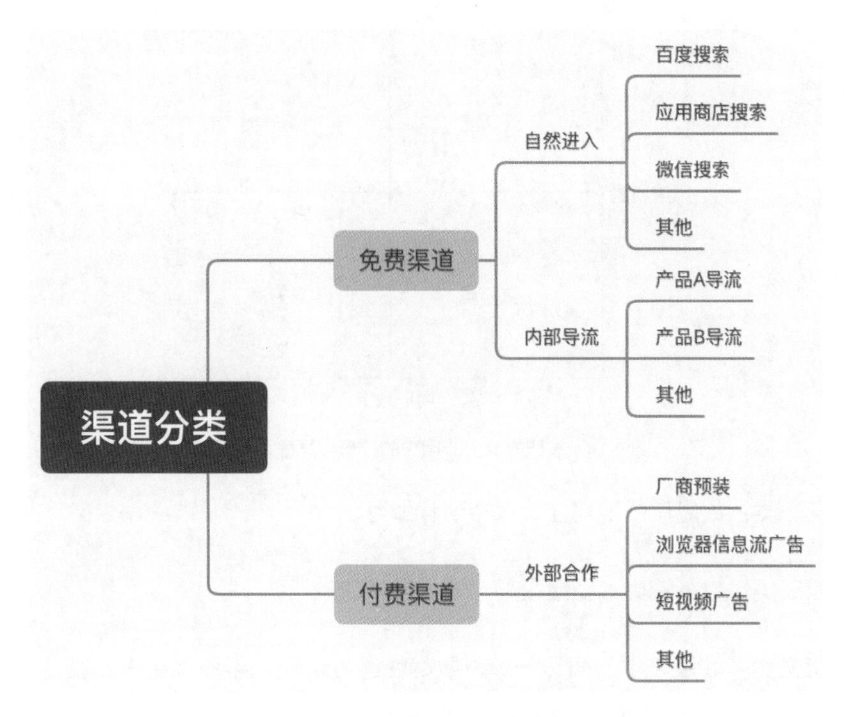


图 4-13　对渠道进行分类

付费渠道：通过外部付费合作来拓展用户，常见的渠道包括厂商预装、应用宝、百度排名、其他线上和线下地推。在市场上，企业在前期基本上都是靠付费渠道来做引流的，传统企业的渠道非常单一（甚至很多企业到现在都是靠直接地推，如发传单），互联网行业基于数据的渠道筛选策略效果明显。

按照渠道引流用户的数量和质量，可以将渠道分为四类，如图4-14所示。

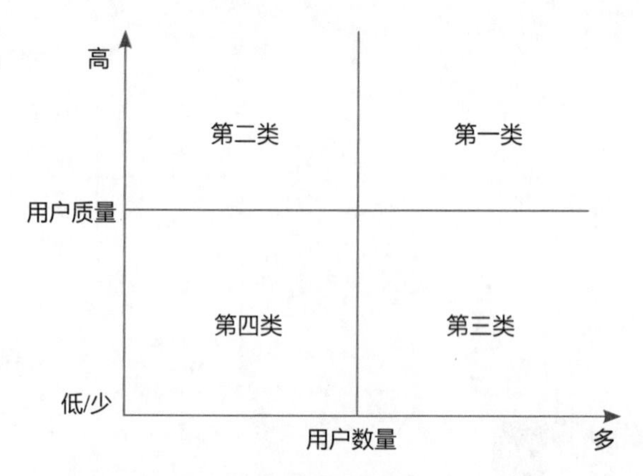


图 4-14　按照渠道引流用户的数量和质量划分渠道

第一类：数量和质量均佳，保持现状即可。

第二类：数量较少，质量很高，要大批扩量。

第三类：数量较多，质量一般，要尽快通过精细化手段优化渠道质量，这里的精细化是通过进一步的渠道拆解来完成的。

第四类：数量和质量均不佳，放弃。

这里高/多、低/少的临界值都是结合渠道当前的数据来判断的，如取75%中位数。

做过渠道工作的读者都知道渠道一般分为一级渠道、二级渠道、三级渠道。一般分析工作做到二级，具体到实际工作中，如果渠道本身已经被优化一轮，那么需要做的工作是研究为何某些渠道表现特别好，以及哪些新的渠道可以挖掘。

## 4.3.2　渠道质量分析法

渠道引流的用户数很好统计，关键是质量怎样衡量。一般会考虑如图4-15所示的因素。

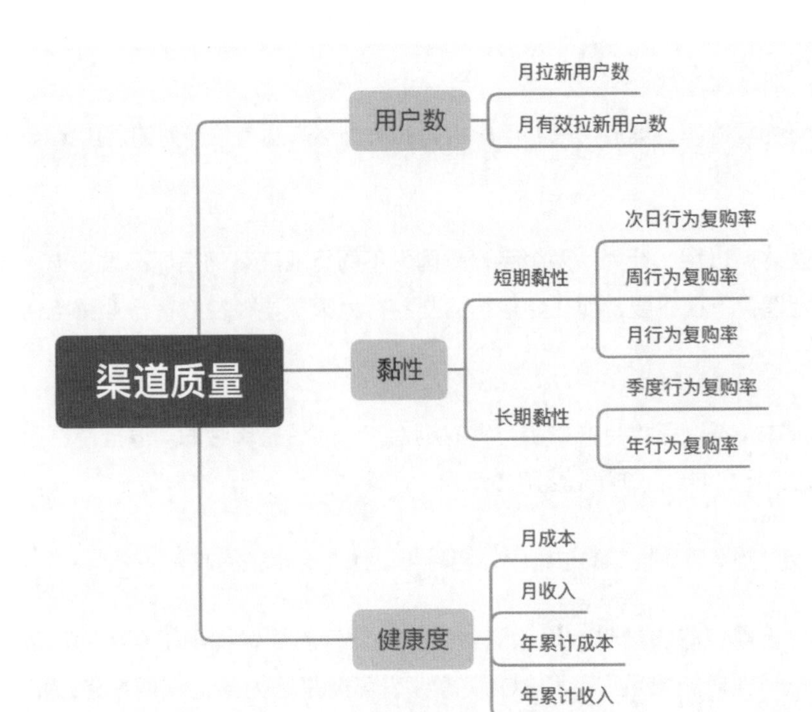


图 4-15　影响渠道质量的因素

月拉新用户数：渠道带来的直接用户数，比如在百度信息流中进行推广，有多少用户点击了这条信息流。

月有效拉新用户数：有效是指在绝对的行为用户数里，有多少用户转化成我们最终想要的用户。例如，在互联网行业可能是安装后打开，在教育行业和地产行业可能是留存资料，在游戏行业可能是体验时长超过10分钟，在理财行业可能是理财金额大于100元。笔者之前在一家公司研究渠道的时候，发现很多用户安装了App，但并没有打开，这种就不能称为有效。有效用户数往往更能反映渠道的质量。

次日行为复购率：渠道带来的用户中第二天仍然产生有效行为的用户数/渠道的用户数 。

周行为复购率：渠道带来的用户中第7天仍然产生有效行为的用户数/渠道的

用户数 。

月行为复购率：渠道带来的用户中第30天仍然产生有效行为的用户数/渠道的用户数 。

这里之所以用“行为”两个字，是因为不同行业度量的指标不太一样。像互联网行业留存率很重要，而在金融行业交易行为很重要，在教育行业留电话行为很重要。

月成本：渠道在当月推广所产生的投入，一般就是单纯的渠道推广费用，如停车场出口围栏1年品牌曝光费用30万元。

月收入：渠道在推广的过程中，当月可以为业务带来的收入。

在分析渠道的质量时，以上这些数据都要考虑到，而不是一个简单的ROI分析。一个渠道如果用户数和ROI很高，有可能是因为某批次用户造成的，并不健康。

如果仔细思考一定会产生一个疑问：对于很多渠道来说，月成本和月收入可以很轻松地统计出来，但这个渠道的总收入怎样计算呢？不可能几年后计算该渠道的累计收入，然后计算ROI。

这就涉及对累计收入进行建模预测，累计收入也就是LTV，LTV为生命周期内的价值产生，对于每个渠道来说，需要解决两个问题：

（1）生命周期是指多久？

（2）如何用当前的价值预估生命周期的价值。

**小贴士：** 行业内有各种各样的算法，包括微积分、时间序列模型。这里提供一种比较简单、实用的方法。

（1）用1年作为生命周期，对于大部分可运营产品，不管低频还是高频，1年内的价值趋势基本上代表了可短期计算的生命周期趋势。

（2）基于历史月数据，拟合预测出该渠道的后续价值，以1年为生命周期累计计算出该用户的终身价值。很多公司在做这件事时喜欢用日数据，笔者并不推荐，用日数据要考虑用户的留存率等各种细节，在数据处理和模型选择上都比较复杂，最终效果也未必好。

案例：假设某个渠道的1月新增用户在接下来2—9月都产生了价值收入，那么可以直接利用回归模型来预测10—12月的收入，如表4-4所示。

表4-4 利用回归模型预测收入

| 月份 | 价值（元） |
|---|---|
| 1 | 100 |
| 2 | 90 |
| 3 | 80 |
| 4 | 80 |
| 5 | 60 |
| 6 | 55 |
| 7 | 40 |
| 8 | 45 |
| 9 | 30 |
| 10 | X1 |
| 11 | X2 |
| 12 | X3 |

线性回归后得到$y=-8.67x+107.78$，通过该公式分别计算出10—12月的价值为21.08、12.41、3.74。因此该渠道的年LTV=（100+90+…+3.74）=617.23元，假设成本是500元，ROI=617.23/500=1.23>1，数据不错，可以加大投入。

$y=-8.67x+107.78$就是渠道的1月新增用户在后续每个月的价值计算公式，用该公式继续验证该渠道的2月新增用户价值，查看真实数据与预测数据的偏差。

（1）如果偏差不大，那么此公式基本上就是该渠道的生命周期计算公式。

（2）如果偏差较大，则查找原因，看看是2月情况特殊，还是公式本身不太准。

（3）如果是公式不太准，则用2月自身的前11个月数据再去拟合一次，看看2月渠道新增的生命周期价值，重复步骤（1）和步骤（2）。

（4）最坏的情况是每个月的新增用户都需要拟合一次，然后分别计算。遇到这种情况说明拟合法不能很好地应用，建议尝试其他方法。

为了更好地让模型本身稳定，可以采用均值法，利用之前的方法得到1—3月的公式：

1月渠道新增，$y=-8.67x+107.78$

2月渠道新增，$y=-5.93x+95.6$

3月渠道新增，$y=-4.26x+90.2$

那么这个渠道的LTV计算公式是$3y=[(-8.18x+105.91)+(-5.93x+95.6)+(-4.26x+90.2)]/3$。

最终$y=-6.12x+97$。

我们不能用不足9个月的数据去做预测，因为数据太少。渠道数据更多的时候是看长线，所以可以以月周期为单位来预测。如果能拿到2~3年的月数据，说服力往往更强。在某些情况下，一个渠道本身的数据不多，想计算渠道的ROI，可以用天的维度来进行预测，但情况稍微有点复杂，因为天的波动性更强，需要通过留存率将离散活跃连续化，在模型上用逻辑回归会更好。

对于一些特殊渠道的思考如下。

（1）该渠道的生命周期在1年后还能产生很大价值，这个时候是否有必要修正公式？笔者觉得没什么必要，因为ROI的目的是确定在哪些渠道上加大推广，都已经知道该渠道1年后还能产生这么大价值，直接给结论就行了，公式不重要。

（2）该渠道的生命周期很短，比如在3个月的时候基本上等于零，这个时候公式仍然不需要修正，因为都已经知道该渠道价值了，不推广就行了，公式不重要。

所以，在做这种模型的时候，一定要记得目标，模型细节不重要，模型是否特别精准也不重要，用什么工具更不重要，你的目标是到底该加大推广哪些渠道、哪些渠道要砍掉。处于临界点的那些直接写等于1就行了，反正不会大力推广。

### 4.3.3 渠道反作弊分析法

由于渠道涉及大量资金交易，因此会延伸出各种各样的作弊手段，于是就产生了渠道的反作弊。如某网站在广告平台投放广告，拉新增用户的时候，发现大量用户当日安装了App，但是次日留存率非常低，于是投诉，广告平台通过数据报表发现该批用户质量确实很差，有作弊嫌疑，因此就要进一步给出解决方案。

反作弊定义：基于数据分析，对抗黑产技术和业务漏洞规则，保障公司产品利益，主要有以下几种场景。

（1）广告推广：虚假账户利用自动化程序模拟点击、下载、安装、激活、次日留存。

（2）刷流量：虚假账户利用自动化程序产生大量订单和信用炒作。

（3）真机人为薅羊毛。

反作弊这件事永远是一个概率问题，只要超过一定临界值，就是异常的，互联网行业的业务人员都先根据经验对以下指标做判断，再针对性地与反作弊专家交流。

- 渠道的次日留存率、7日留存率、30日留存率。

- 渠道用户的功能行为分布。
- 渠道用户的设备特征，如机型分布。
- 渠道用户的软件特征，如微信安装情况。
- 渠道用户的ARPU范围。

常见的反作弊手段有如下两种。

（1）基于业务规则的方法。

根据实际的业务场景制定规则，如单设备的登录账号数、下载次数等。业务规则是最常用的一种判断方法，可解释性强，需要对业务足够了解，很多人认为反作弊是靠模型来做的，真实情况是模型效果往往不会很好。

例如，某App在做线上大转盘“免费抽iPhone”活动（每个账号只能抽奖1次），怀疑有作弊行为，可以看一下抽奖用户的手机设备登录账号分布，如图4-16所示。

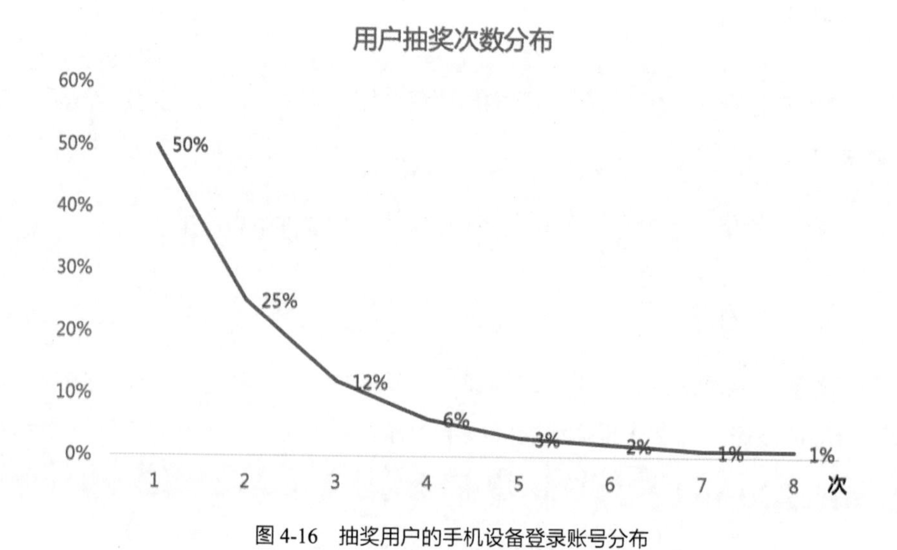


图 4-16　抽奖用户的手机设备登录账号分布

由于每个账号只能抽奖一次，而一台设备正常情况下有3个账号（QQ、微信、手机号），因此基本上每个设备抽奖账户数都应该在3次以内，但数据表明有13%的用户抽奖账户数大于3次，确实异常，可以进一步分析该批用户，看中奖者是否作弊。

（2）基于无监督学习的方法。

这种方法往往都是基于统计分析和聚类算法做异常判断的，最常见的是用时间：用户操作时间与大盘互联网正常用户操作时间明显不同，可判为全黑；用户操作时间非常有规律，每隔一段时间就点击，也非常异常。

例如，某渠道的推广用户在产品内的行为时段和大盘用户的行为时段存在明显不一致，特别是有大量用户在0—5点活跃，判断为异常，如图4-17所示。

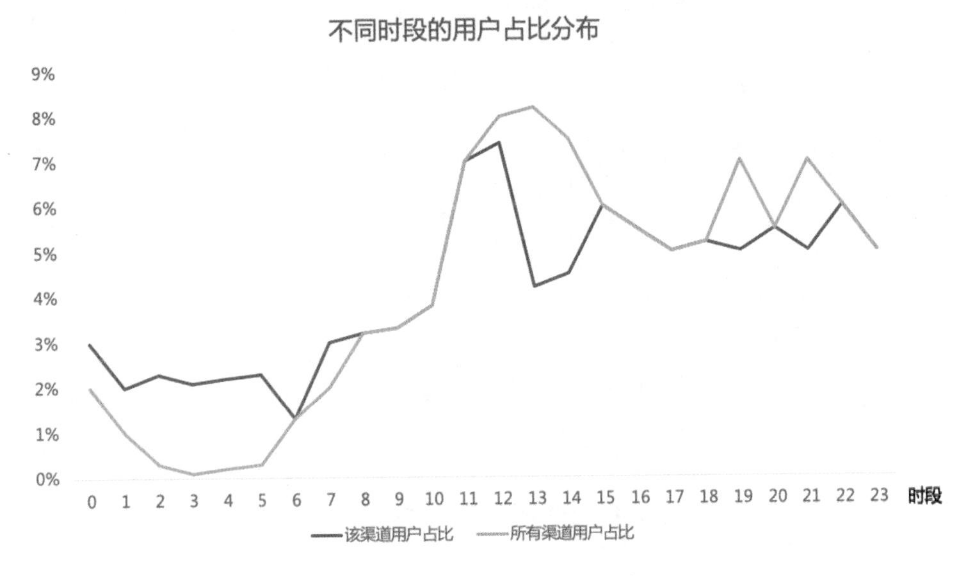


图4-17 不同时段的用户占比分布

有监督学习除在金融领域用得较多外，在其他行业往往都是因为缺少负样本而无法进行训练。在实际工作中，反作弊一直是一个攻与防的持久战，分析师要多和不同行业的人交流，去了解黑产是怎样的，只有这样才能高效地找到解决方法。

# 4.4 产品分析

有些数据分析师可能没有接触过渠道，但一定与产品保持联系，在所有的微观分析里，产品分析也是最高频的，因为其他模块都是围绕产品在转的，用户也是每天和产品发生互动，因此分析师一定要多研究产品和产品数据。在看一款产品时，应该先看产品的功能，再看具体的用户行为，最后根据用户行为挖掘出有效结论，指导产品设计。

思考一下，产品分析要回答的问题是什么？在笔者看来，微观层面产品分析主要包含3大模块：

- 产品的功能及设计是否合理；
- 产品的健康度如何；
- 产品如何做精细化分群运营。

## 4.4.1 产品的功能设计合理性分析

在拿到一款产品后，第一件事就是用户体验，单纯的功能交互体验完成后，应该通过哪些指标去衡量功能或设计合理性呢？

产品的功能和设计合理性有3个分析指标，如图4-18所示。

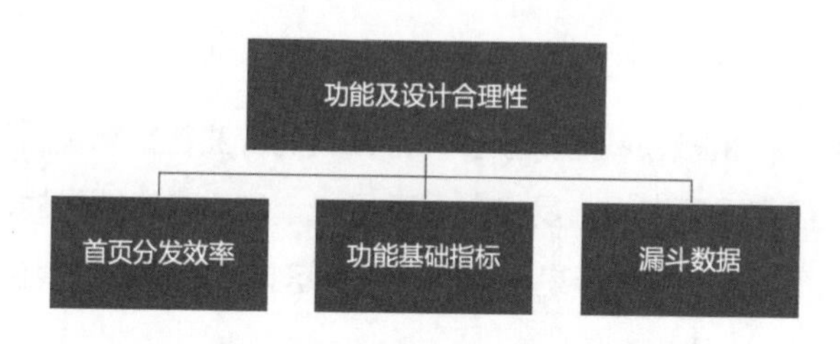


图 4-18　产品的功能和设计合理性分析指标

## 1. 首页分发效率

案例1：以网易云音乐App为例，如图4-19所示。

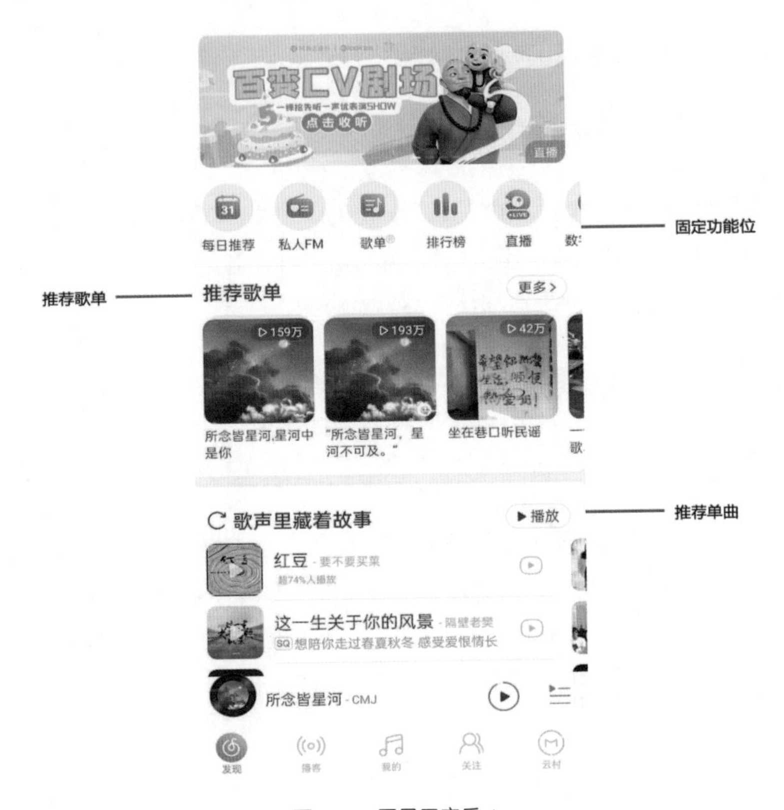


图 4-19　网易云音乐 App

首页虽然只有一个完整界面，但是功能非常多。那么，如何衡量首页的好坏呢?

如图4-20所示就是首页的分发效率评估。

图 4-20　首页的分发效率评估

对于一款App来说，用户打开的目的有两个，一是用户产生消费行为，二是用户产生更多的消费行为，而这些就可以用CTR（点击率）和人均PV页面数（人均浏览次数）来衡量。

CTR：页面点击次数/页面曝光次数。

人均PV页面数：所有用户总浏览页面数/所有用户数。

通过周期性观察CTR和人均PV页面数（模拟数据），能很好地发现界面的优化方向。实际上，对于一款首页坑位较多的App，每周都要监控首页的整体分发情况，每一次小改动都可能给其他功能带来影响。

周PV-CTR：一周内的点击次数/一周内的曝光次数。

周人均PV页面数：一周内的总访问（此处是点击）次数/一周内的总访问人数。

本例中明显发现近期固定功能位的CTR上涨，但人均PV页面数是下降的，需要重点分析最近的策略变化。之所以要同时看CTR和人均PV页面数，就是担心某些页面改版带来CTR提升，但整体人均PV页面数少了，要保持这种平衡，如图4-21和图4-22所示。

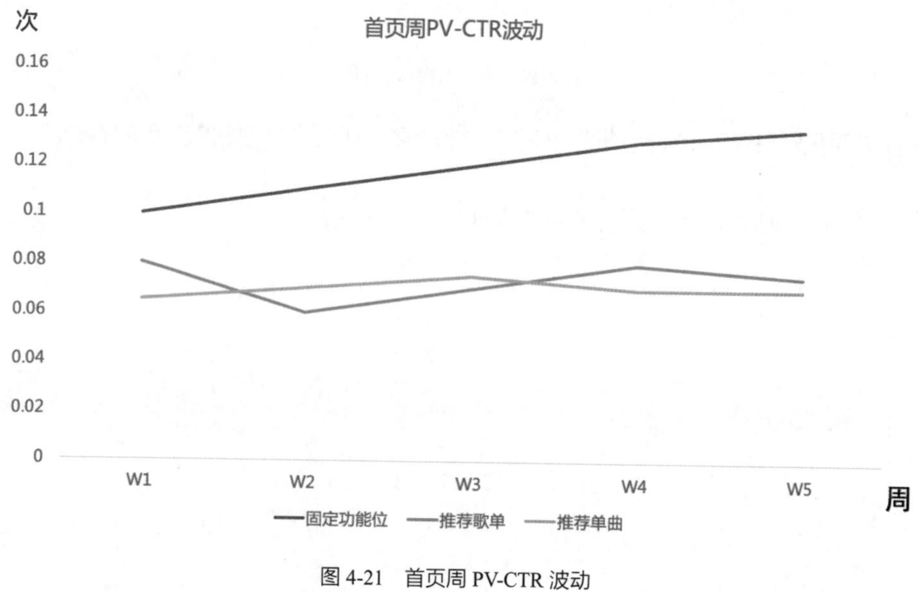


图 4-21　首页周 PV-CTR 波动

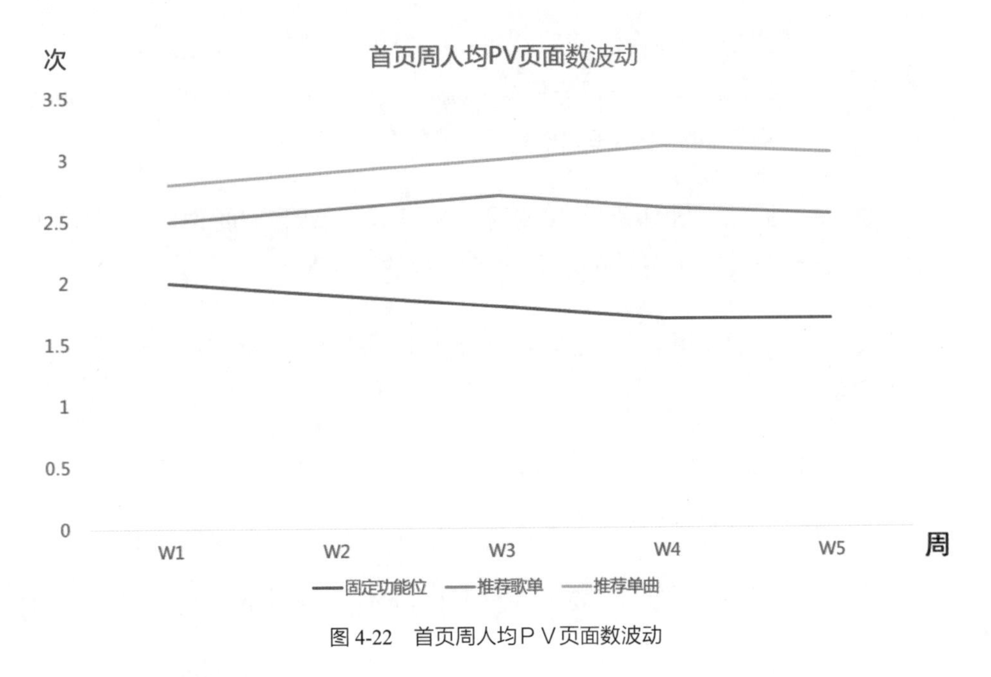


图 4-22　首页周人均ＰＶ页面数波动

## 2. 功能基础指标

对最重要的首页有了一个直观的了解之后，就要深入了解功能了，对功能的衡量有3个指标，如图4-23所示。

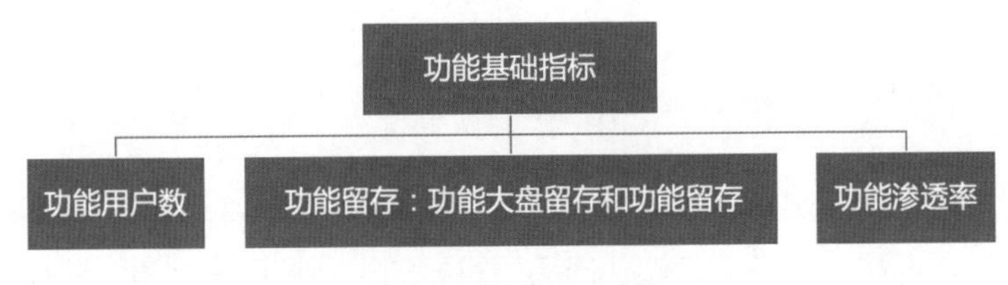


图 4-23　功能基础指标

功能用户数：点击该功能的用户数。

功能渗透率：点击该功能的用户数/整个产品的日活。

功能用户数用于判断功能的绝对值，而功能渗透率用于判断该功能本身需求有无问题。

案例2：美团App近期受暑期换机潮影响，整体流量减少，其中外卖的功能用户数在减少，但外卖的功能渗透率并没有减少，也就是说，外卖功能本身是没有问题的。如果外卖的功能渗透率也在减少，就需要重点关注了。

功能大盘留存：T日使用该功能的同时T+1日是大盘用户的绝对值/T日使用该功能的绝对值。该指标的意义是衡量功能对大盘的贡献度。

功能留存：T日使用该功能的同时T+1日仍使用该功能的绝对值/T日使用该功能的绝对值。

功能留存的意义是该功能的黏性程度，能够反映该功能的真实情况和存在的问题，往往在寻找新的增长点时都会查看该指标。

案例3：美团App近期的功能大盘留存提升了3%，需要评估各个功能对大盘留存提升的贡献。

以外卖功能为例，其渗透率是20%，近期的外卖功能大盘留存提升了5%，一种比较好的计算贡献度的方法是，外卖功能贡献度=外卖功能渗透率 × 外卖功能大盘留存的变化=20% × 5%=1%，也就是外卖功能在大盘留存提升3%里面贡献了绝对值1%。

### 3. 漏斗数据

有了分发效率和功能指标之后，基本上就能够从一个纯数据的角度查看一款产品的大概情况了，但还远不够。产品最重要的原则是用户体验，而在整个用户体验中，各个功能与界面不是完全独立的，所以单纯地看各个功能数据还是不能很好地说明用户行为连贯性的。这就涉及漏斗分析，更深入地还需要进行路径分析。

案例4：Wi-Fi万能钥匙App的核心功能是连接Wi-Fi，单纯的这种漏斗分析如图4-24所示。

图 4-24　Wi-Fi 万能钥匙 App 漏斗分析

连接成功不是最终目的，更要关注后续资讯业务流，优化后的漏斗分析如图4-25所示。

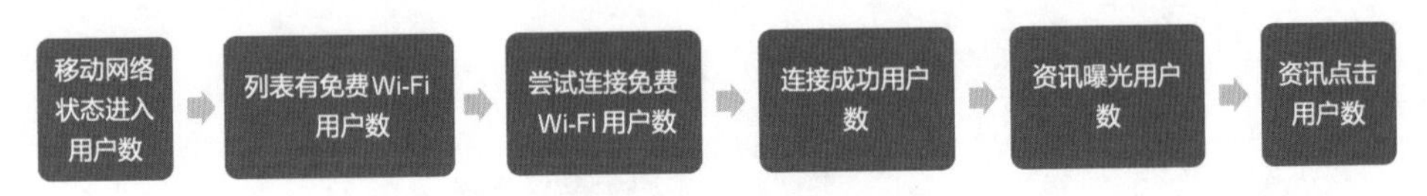


图 4-25　优化后的漏斗分析

漏斗分析的核心在于通过自身的数据理解来还原真实的业务细化，一旦发现某层漏斗转化率有问题，就一定要从维度拆解思想出发。

一般漏斗分析都会结合用户画像，如在上面的漏斗中，发现尝试连接免费Wi-Fi用户数到连接成功用户数转化率太低，那么这个时候可以按照入口、版本、城市、设备等维度来拆解。如果可能的维度表现都较差，那就是产品本身的性能出现了较大问题。

如图4-26所示为电商行业的漏斗分析模型。

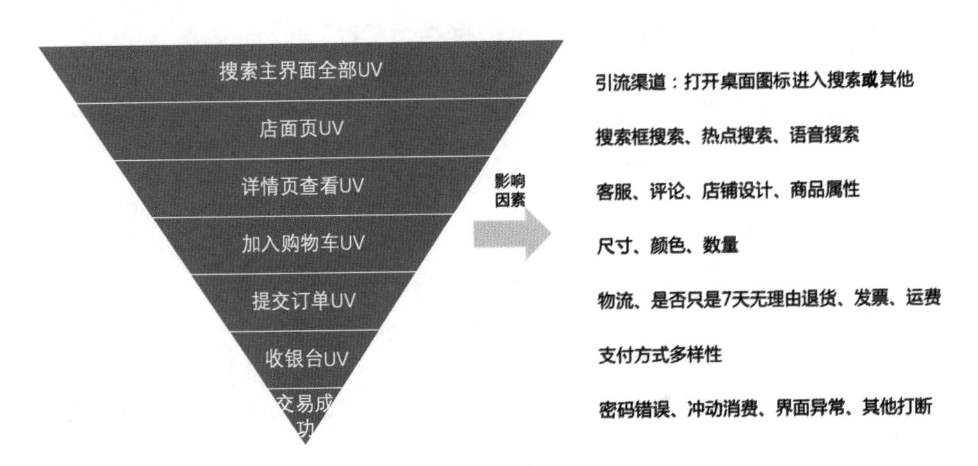


图 4-26　电商行业的漏斗分析模型

对于一款主功能比较集中的产品，一般通过漏斗分析，能够很好地发现交互上的功能优化。

而有些复杂的App，由于核心功能较多，用户行为存在高度离散化，漏斗分析并不能完全还原出大部分用户端内的行为，这时就需要进行路径分析。

案例5：京东App用户端内行为路径如图4-27所示（图中箭头的粗细代表用户路径流向的占比）。

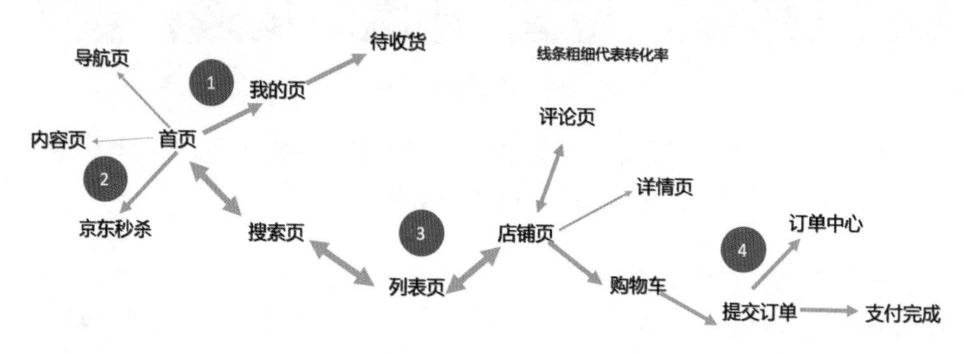


图 4-27　京东 App 用户端内行为路径

通过该行为路径，至少有以下4个建议。

（1）有相当一部分用户进入App的直接目的是查看物流情况，因此在该条路径上如何让用户多逛逛，从而产生购物行为需要运营者思考。

（2）有一定比例的用户是京东秒杀的忠实用户，需要重点研究这部分群体，做更精细化运营，如秒杀分享裂变。

（3）在搜索页、列表页、店铺页均有较多的用户产生回退行为，如何缩短该关键路径、让用户尽快下单需要运营者研究。

（4）有部分群体提交订单后仍然前往订单中心，并且该订单迟迟没有支付，经体验，猜测该部分用户是因为物流地址填写错误又不能修改而放弃订单，需要进一步分析。

实际上，京东App的路径分析一定是远比以上复杂的，不过可以看出，路径分析确实能够带来更多的产品优化。对于一般的产品，也可以通过日志时间戳来查看用户的路径，整个过程是一个抽样的过程。

小结：通过掌握首页分发效率、功能指标、漏斗分析及路径分析，基于日常的时序分析及对比分析，就能够很好地发现当前功能设计的优化项。

## 4.4.2　产品的健康度分析

对于一名嗅觉灵敏的分析师来说，当其感觉业务数据怪怪的，总觉得哪里不对劲时，很有可能是产品的健康度出现了问题，如图4-28所示。

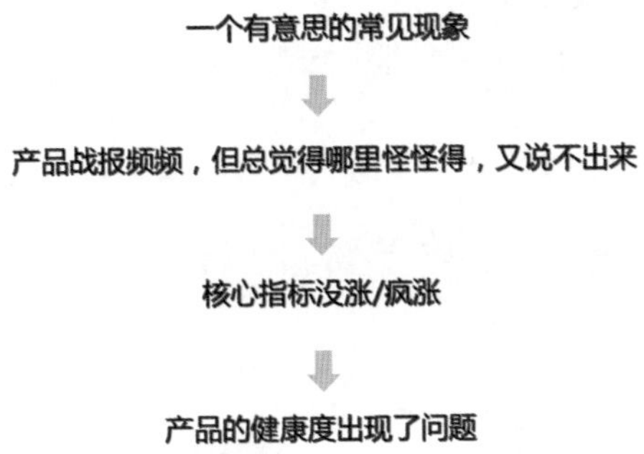

**一个有意思的常见现象**

⬇

**产品战报频频，但总觉得哪里怪怪得，又说不出来**

⬇

**核心指标没涨/疯涨**

⬇

**产品的健康度出现了问题**

图 4-28　数据分析师对业务的感觉

案例6：某App海外版，在2017年10月—2018年4月，通过巨大的渠道投入和品牌活动曝光，战报频频，MAU屡次创新高，整个团队陷入一种战斗状态，然而从2018年6月开始，MAU持续下跌，无论执行什么策略都阻止不了，如图4-29所示。

应该用什么指标去衡量产品的健康度？我们应该用“产品的核心用户数”去衡量对产品真正具有价值的用户体量，这样才能真正体现产品的健康度。

比如对于这款海外版App，就可以用“使用时长”作为用户是否为我们产品的核心用户的衡量标准（如日访问时长超过10分钟）。

从图4-29中可以发现：

（1）MAU前期疯涨，但核心用户数变化不大，也就是产品带来的大部分用户都是一次性的，真正的用完就走，没价值，如图4-30所示。

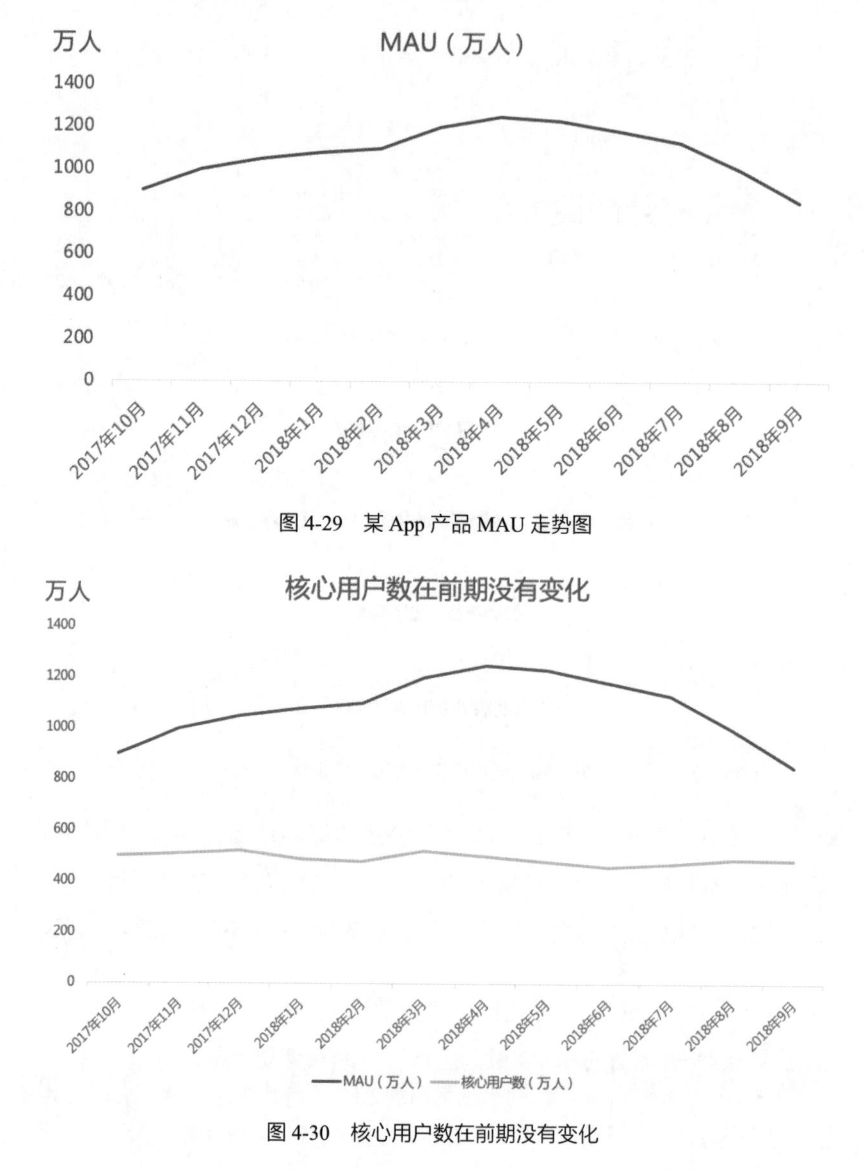


图 4-29　某 App 产品 MAU 走势图



图 4-30　核心用户数在前期没有变化

（2）重要产品功能订阅的核心用户数一直减少，但没有得到运营者关注，如

图4-31所示。

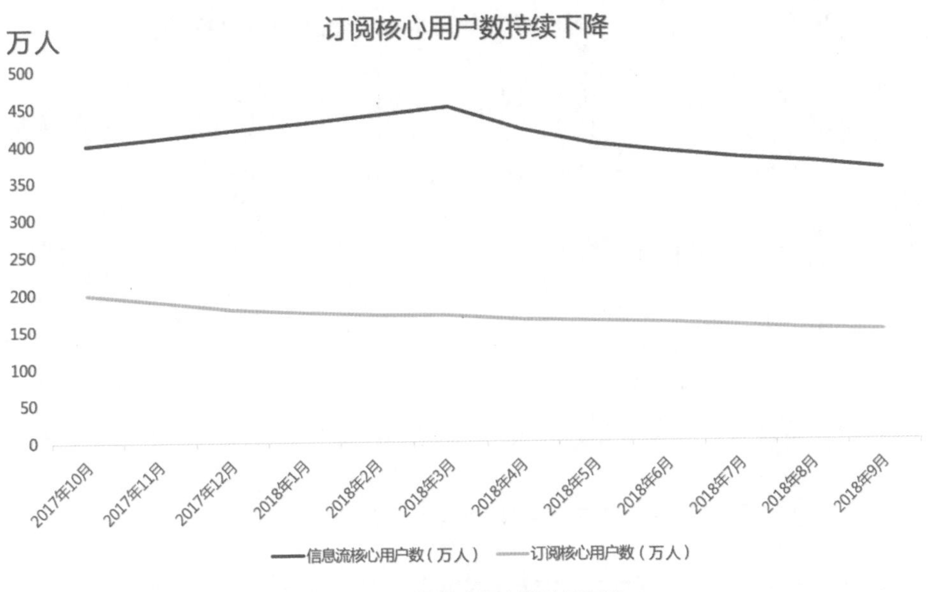


图 4-31　订阅核心用户数持续下降

对于一款产品或功能，可以通过产品矩阵、做广告、社交裂变、诱导、推送等方式带来用户的增长，而只有关注核心用户群体的变化，才能看得清。日常的新增用户留存分析也属于这个范畴。

## 4.4.3　产品精细化分群运营分析

除看产品功能和健康度外，更高阶的分析师能够根据用户过去的行为表现设计产品，满足不同用户的诉求，提升功能点击率，对优化产品的商业化场景非常有价值。

很多产品都是通过会员充值带来商业收入的，像网易云音乐、腾讯视频等，笔者作为一名用户也经常收到这种充值营销信息。那么，作为一名数据分析师，可以思考的地方有哪些?

（1）在发短信或推送营销信息时，考虑文案内充值金额的设计。

（2）当充值金额比较大时，用户充值界面所看到的充值金额的设置。

（3）是否可以做到针对每个用户，推荐个性化的充值金额。

这就涉及精细化运营，接下来介绍两种常见的分析方法。

### 1. RFM聚类分析法

通过对用户过往一段时间操作的观察，对用户的充值间隔天数（R）、总充值次数（F）、总充值金额（M）进行聚类分析，按照中心点进行分组，然后对不同的分组设计不同的金额，对同一个分组内的相同金额进行运营，具体包括如下4个步骤。

（1）基于用户近段时间充值订单数据计算R、F、M因子。

一般来说，近段时间比较灵活，根据不同的产品有不同的周期，可以是一周、一个月、半年。假设这里是半年，那么R是半年内最近一次充值至今的天数，F是半年内充值的次数，M是半年内充值的金额。

（2）根据对每个用户R、F、M的行为统计，通过k均值聚类算法来做聚类分析，一般划分3~5组，这里假设分为3组，样本数据如表4-5所示。

表 4-5　行为统计样本数据

| id | R | F | M |
|---|---|---|---|
| 001 | 20 | 3 | 100 |
| 002 | 25 | 4 | 120 |
| 003 | 12 | 6 | 350 |
| 004 | 30 | 2 | 80 |
| 005 | 35 | 1 | 50 |
| 006 | 6 | 8 | 800 |
| 007 | 12 | 4 | 300 |
| 008 | 4 | 7 | 500 |

Python聚类的主算法如下：

```
import numpy as np
from sklearn.cluster import KMeans # 构造一个聚类数为 3 的聚类器
clus = KMeans(n_clusters=3) # 构造聚类器
clus.fit(data) # 对 data 数据进行聚类
label = clu.labels_ # 获取聚类标签
center = clus.cluster_centers_ # 获取聚类中心
```

（3）对聚类后的id标签数据做行为统计，一共分为3组，每组的统计数据如表4-6所示。

表 4-6　行为统计数据

| 分组 | 特点 | R中心点 | F中心点 | M中心点 | 总人数（万人） | 总充值金额（万元） | 人均充值金额（元） |
|---|---|---|---|---|---|---|---|
| C1 | 间隔长<br>频次低<br>金额低 | 28 | 2 | 25 | 40 | 900 | 22.5 |
| C2 | 间隔中<br>频次中<br>金额中 | 18 | 4 | 60 | 80 | 6000 | 75 |
| C3 | 间隔短<br>频次高<br>金额高 | 8 | 8 | 200 | 8 | 3000 | 375 |

（4）根据聚类结果给出推送金额策略。

可以看出，贡献比最大的是C3组用户，6%的用户贡献了30%的收入，其次是C2组用户，63%的用户贡献了61%的收入，最差的是C1组，31%的用户只贡献了9%的收入。

同时发现，C3、C2、C1群体的人均充值金额分别为375元、75元、22.5元。因此，在营销时可根据用户所在的群组设置不同的金额，提升点击率和付费率。

数据分析师做完上述分析后，可以通过AB测试查看具体提升度，按照之前的经验，实验组一般都能明显好于对照组。

### 2. TOP-N推荐分析法

到这里，读者应该能够很快地看出RFM聚类分析法的优势和劣势了，优势是能够快速地根据用户的行为表现给用户分层，很好地区分了不同组间的充值金额；劣势是对于同一组用户，没有考虑到不同用户的行为差异，缺乏个性化推荐，因此这里引入TOP-N推荐分析法。

TOP-N推荐分析法是针对每个用户，根据其过往的充值行为，选择最适合的充值金额进行营销推送。

具体的分析步骤如下。

（1）若是一个新用户，可以根据所有充值用户的首次充值金额分布，挑选分布最高的一个充值金额进行推荐。

（2）若是一个老用户，先看他过往一段时间的充值金额是否稳定，也就是标准差是否为零。若标准差为零，则说明充值金额一直很稳定，可以直接选择该充值金额进行推送；若标准差不为零，则说明充值金额有波动，此时更加偏向最近一次行为，即将最近一次充值金额作为推荐金额进行推送。

例如，某充值业务的近半年充值记录数据如表4-7所示。

表 4-7　某充值业务的近半年充值记录数据

| id | 充值金额（元） | 充值时间 |
|---|---|---|
| 001 | 20 | 2021/1/1 |
| 001 | 15 | 2021/2/1 |
| 002 | 40 | 2021/1/2 |
| 003 | 10 | 2021/3/12 |
| 003 | 5 | 2021/6/12 |
| 004 | 100 | 2021/2/10 |
| 005 | 20 | 2021/1/8 |

具体分析步骤如下。

（1）查看所有用户首次充值金额分布，如图4-32所示。45%的用户首次充值金额的最高值是20元，因此针对所有新用户推荐充值20元。

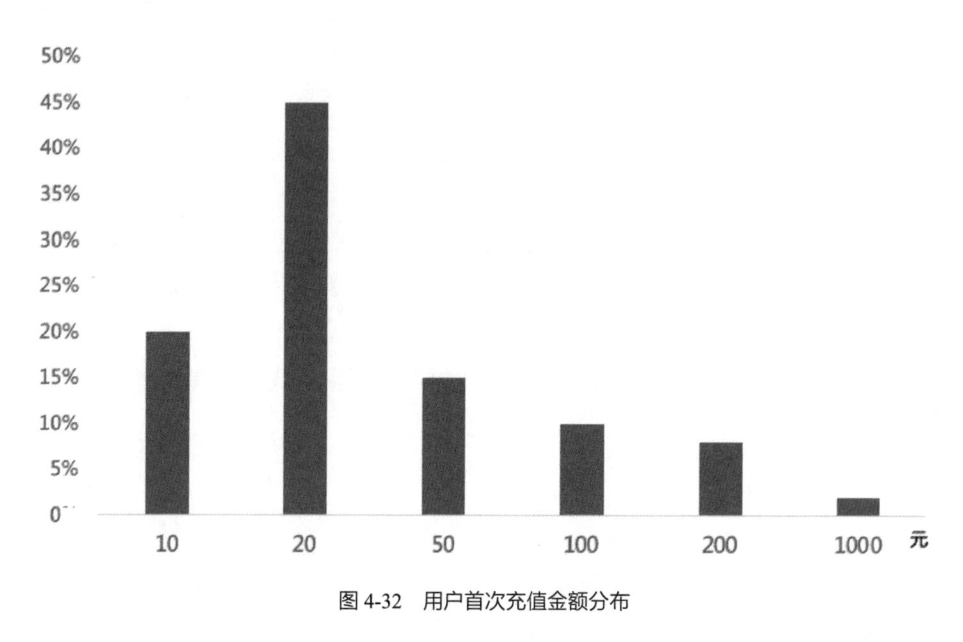


图 4-32　用户首次充值金额分布

（2）查看所有充值老用户的充值金额标准差，发现有40%的用户充值金额标准差是零，也就是说，针对该部分用户，在下一次推荐时使用平均充值金额即可。

（3）对于充值金额标准差不为零的老用户，推荐其最近一次充值金额即可。

具体到该场景的充值页面金额上，如果充值金额类别数不超过6个，就可以通过UI设计全部展示；如果充值金额类别数较多，就可以通过前面确定的金额，在页面展示上有所侧重，例如一个用户的推荐充值金额是10元，则可以展示1元、5元、10元、15元、20元、30元的额度。

数据分析师做完上述分析后，可以通过AB测试来查看具体提升度，这里实验组用的是TOP-N推荐分析法，对照组用的是RFM聚类分析法，可以查看两种方法的提升效果。

根据过去的项目经验，TOP-N推荐分析法由于是针对个人的，所以无论是点击率还是付费率、准确度，都明显优于RFM聚类分析法。

RFM聚类分析法和TOP-N推荐分析法基本上在每个行业都通用，入门的门槛也非常低，所以在工作中经常被使用，本质上都是通过数据来做用户分层精细化运营的。

总结一下，做好产品分析要注意以下几点。

- 重视底层数据和数据体系的搭建，特别是烦琐但很重要的事情要提早介入。
- 不仅要提供数据，更重要的是对数据要有想法，无论这些想法是多么的天马行空。
- 带着专题，多和管理层、产品运营及研发人员沟通。
- 数据不是万能的，把自己当作产品经理。
- 方法论只能帮你缩短路径，重要的是人怎样做。

## 4.5 运营活动分析

前面讲述了产品范畴的分析方法，产品分析之后必然涉及运营，而最常见的运营就是各类活动，大到“双11”，小到一张海报或一个二维码。本节将系统性地讲解运营活动。

一次完整的运营活动流程如图4-33所示。

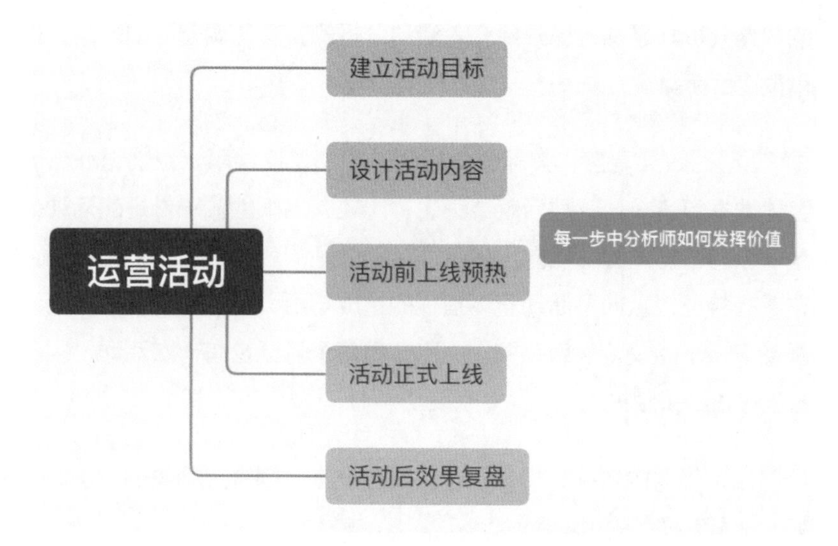


图 4-33 一次完整的运营活动流程

（1）建立活动目标：笔者和很多行业的运营人员调研过，发现很多时候做活动都是漫无目的的，花了钱，产生了一点点效果。而腾讯、阿里这些企业做活动大部分是有目的的，一般通过目标来制定策略和牵引一切。而定什么目标、目标设置为多少非常讲究，这都需要数据分析师和运营人员一起沟通。

（2）设计活动内容：活动素材、活动选品、活动优惠力度、活动推广渠道、活动周期、活动面向人群都属于活动内容，分析师一般认为这部分和自己没关系，事实上恰恰相反，大部分策略都离不开数据指导。例如，人们在线下参加超市活动而购买商品，超市的商品搭配策略其实很关键；再比如，超市给一个用户5元优惠券还是10元优惠券，也非常重要。

（3）活动前上线预热：一般活动在正式上线前，建议进行预热测试，不仅能做品牌营销，而且可以通过预热效果快速地做一些优化调整，比如哪个渠道效果很好但目前缺乏曝光、哪个商品爆冷。还可以在预热阶段测试不同活动内容的效果。

（4）活动正式上线：在活动过程中，事先做好相关报表，对所有观察指标进行监控分析，这里面涉及整体指标、维度的上抽和下钻、业务漏斗分析等。有一定经验的数据分析师是从这里开始介入活动分析的，及时调整活动方向，提升活动效率和预设目标。

（5）活动后效果复盘：大部分分析师做的都是这件事，也就是在活动结束后，把整体数据复盘一遍，然后就结束了，比较有局限性。一份好的活动效果复盘应该是横纵两个方向的：横向上是不同活动之间的效果对比，包括市场上热门的活动有哪些特征；纵向是活动整体指标的达成与否、哪些用户参加了活动、存在的问题及下一步建议，然后存档。一家公司每个月至少有一次活动，因此要把活动运营当作长线来跟进。

可以看出，优秀的数据分析师永远是在高度上、视野上领先的。下面就来详细讲解每一步是怎样做的。

## 4.5.1 活动目标拆解分析法

不同类型的活动，目标是不一样的，品牌类的活动关注曝光数即可，而效果类的活动关注的指标差异较大，如图4-34所示。

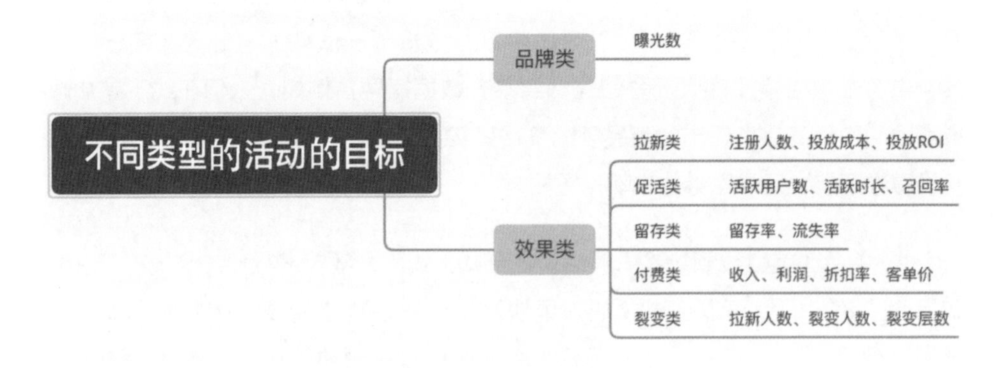


图 4-34 不同类型的活动的目标

以拉新类活动为例，拉新的目标是需要被提前预测量化的。

案例：某电器类产品准备在6月做一次全集团活动，目标是希望带来一定量的新增购买用户，但具体是一千个用户还是一万个用户不好定，最后都是老板直接决定，这个目标很有可能完成不了。在目标预测上，最好的方法是通过拆解来看每一个细分运营模块的子目标，然后汇总，在该案例中我们需要和市场部、产品部一起沟通，这些新增用户最终都是从哪些渠道进来的，这个他们肯定清楚。假设当前包括京东商城、集团公众号、线下门店3个渠道，如图4-35所示。

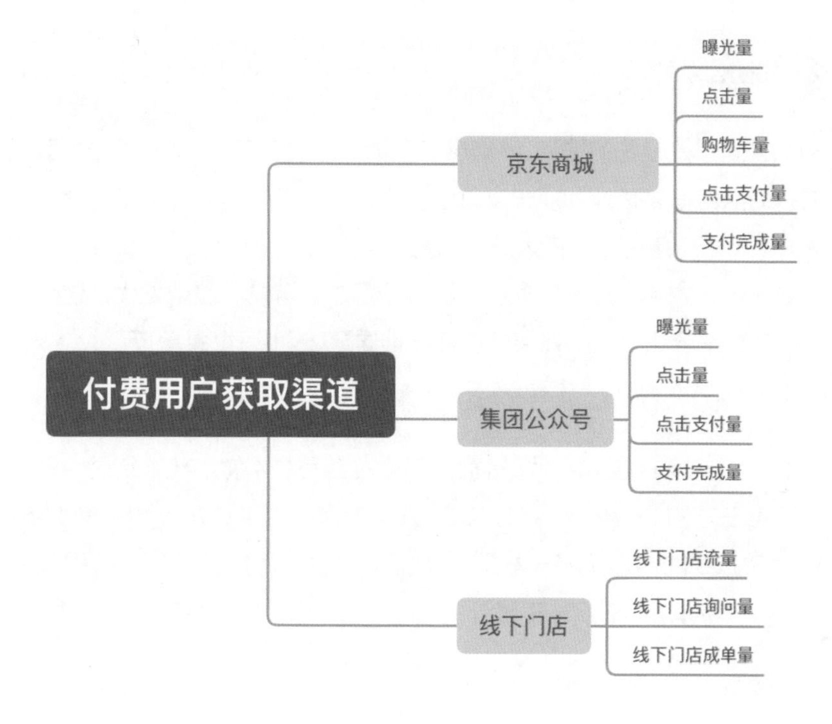


图 4-35　付费用户获取渠道

### 1. 京东商城

一方面与京东商务人员确认活动期间每天的曝光量，另一方面可以参考之前的合作经验预测数据。在点击量方面可以查看京东类似品类及运营位的大概点击率，得出一个区间，此分析法同样适合对购物车量、点击支付量、支付完成量的预测。像京东、阿里这些综合电商平台，他们的运营人员对行业数据非常敏感，能够准确地进行预测。

注意这里预测的是日数据，因为活动要做一个月，肯定有高峰和低谷，所以要对该月的活动节奏进行划分，然后通过对每个阶段节奏的估计来汇总。假如活动分为预热期7天、冲刺期20天、狂欢期3天，由于预热期、冲刺期、狂欢期的投入都不太一样，因此要单独计算。假设这里预热期每天带来1万个付费用户，冲刺期每天带来2万个付费用户，狂欢期每天带来5万个付费用户。

一共可以带来1 × 7+2 × 20+3 × 5=62万个付费用户。

### 2. 集团公众号

集团公众号是公司的渠道，曝光量其实就是看有多少粉丝，点击量可以通过平时文章的点击率来估计，点击支付量和支付完成量也是参考之前做活动时的数值区间。公众号（服务号）最大的特点是每个月只能推送4次，因此在做该模块预测时，要对每次效果进行单独预测，再进行汇总，运营人员要做优化迭代，理论上每次的效果都会比上次的效果好。假设推送4次分别可以新增1万人、1.2万人、1.5万人、1.8万人，那么一共新增5.5万人。

注意，服务号推送4篇文章是指对每个粉丝可发4次，当前公众号只支持群发，利用第三方的公众号平台可以实现分群推送，也就是每个人还是收到4篇文章，但大家看到的内容是不一样的，这样可以很好地提升点击率，假设这样做了，预计可以带来40%的点击率提升，因此可以带来5.5 × 1.4=7.7万个付费用户。

### 3. 线下门店

由于线下门店也是公司的渠道，因此分析师可以与门店人员调研、沟通，同时查看之前的交易数据，按照地域来汇总（线下业务都有明显的地域差异性）整体数据，假设这里可以带来3万个付费用户。

因此，整体预计可以带来62+7.7+3=72.7万个用户，基于单用户平均交易金额，就可以算出整体GMV及利润率。

可以看出，目标的建立本身就是一次运营策略的梳理，这里面需要大量的行业经验和数据分析技巧，绝不是直接拍板就可以的。

## 4.5.2　设计活动内容之选品分析法

在活动内容设计阶段，有一个很关键的问题：活动期间应该重点营销哪些产品？人们在逛线下运动品牌服装店的时候，会发现打折的都是一些老款、断码的产品，新品基本上不打折。这个策略本身是否合理就值得研究，如果将新品和老品捆绑销售，效果是否更好？因此，选品本身就很讲究，像电商零售有几万种SKU，每个SKU又有几十个产品，应该怎么选呢？

一般来说，可以通过用户调研、用户行为数据挖掘、外部第三方数据分析、行业市场理解来决策，这里以用户行为数据挖掘为例，具体是通过关联分析得到产品组合的。

关联分析：现有存量用户在购买产品A时，还会大概率购买哪些产品。通过对大量商品的记录分析，提取出用户偏好的有用规则，从而指导营销，如图4-36所示。

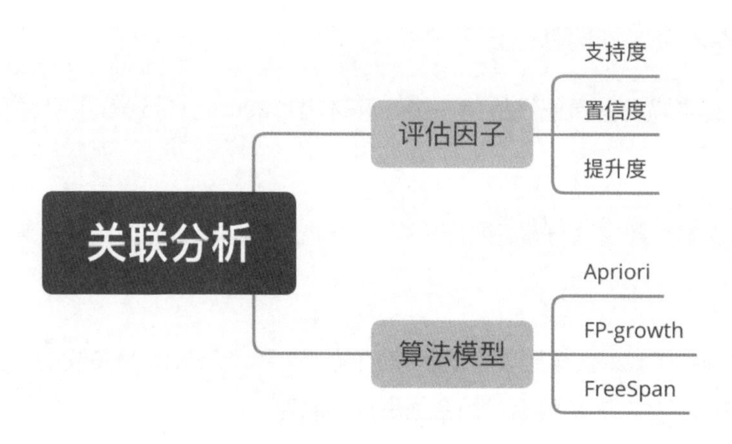


图 4-36　关联分析

案例：某运营团队导出用户在某线上商城的消费记录，选择常见的鲜牛奶、茶叶、新鲜蜜薯、新疆沙瓤西红柿、鸡蛋全麦面，根据关联分析算法转换得到5种商品同时被购买的比例，具体数据如表4-8所示。

表 4-8　5 种商品同时被购买的比例

| 食品关联度 | 鲜牛奶 | 茶叶 | 新鲜蜜薯 | 新疆沙瓤西红柿 | 鸡蛋全麦面 |
|---|---|---|---|---|---|
| 鲜牛奶 | / | 20% | 50% | 15% | 12% |
| 茶叶 | 18% | / | 20% | 15% | 16% |
| 新鲜蜜薯 | 38% | 13% | / | 23% | 24% |
| 新疆沙瓤西红柿 | 13% | 10% | 28% | / | 25% |
| 鸡蛋全麦面 | 13% | 10% | 18% | 20% | / |

从表4-8中可见，购买鲜牛奶的用户大概率会购买新鲜蜜薯，其他关联度由高到低分别是茶叶、新疆沙瓤西红柿和鸡蛋全麦面。

在落地场景中，选择鲜牛奶和新鲜蜜薯组合进行测试，看看是否能够提升该组合商品销售额。本次测试设置了A、B、C三个组，其中A组推销鲜牛奶、B组推销新鲜蜜薯，而C组推销鲜牛奶+新鲜蜜薯组合，单品价格不变。

策略：在1月1日—1月31日的消费者中，筛选出对鲜牛奶或对新鲜蜜薯有消费偏好的用户，通过App 推送，举办满减优惠活动。

在对鲜牛奶有消费偏好的用户中，筛选出10000位，推送鲜牛奶优惠券，记为A。

在对新鲜蜜薯有消费偏好的用户中，筛选出10000位，推送新鲜蜜薯优惠券，记为B。

在对鲜牛奶或对新鲜蜜薯有消费偏好的用户中，筛选出10000位（与上述用户排重），推送鲜牛奶+新鲜蜜薯组合优惠券，记为C。

活动效果：2月1日通过AB测试方式进行推广，具体数据如表4-9所示。

表 4-9　推广数据

| 推送目标 | 优惠券 | 推送消息下发人数 | 点击人数 | 购买人数 | 点击转化率 | 购买转化率 | 该优惠券使用率环比提升 |
|---|---|---|---|---|---|---|---|
| A | 鲜牛奶一件5元优惠券 | 10000 | 512 | 100 | 5.12% | 19.53% | 160% |
| B | 新鲜蜜薯一件5元优惠券 | 10000 | 468 | 80 | 4.68% | 17.09% | 128% |
| C | 鲜牛奶+新鲜蜜薯组合10元优惠券 | 10000 | 567 | 160 | 5.67% | 28.22% | / |

（1）用户合计点击消息达到1547人，App 推送点击率达到5%以上，这个结果远高于行业推送点击率2%~3%，表明App推送能很好地针对该线上商城的目标用户。

（2）从购买商品的选择上，购买C组组合商品的人数最多，多于仅购买鲜牛奶和仅购买新鲜蜜薯的用户，显示组合搭配的销售策略能有效提升商品销售量。

（3）从环比来看，通过精准标签匹配+智能运营触达，鲜牛奶和新鲜蜜薯的单品购买量也出现明显环比上升，达到128%以上，有效刺激了目标用户的消费欲望。

### 4.5.3　活动前上线预热之优惠券营销分析

活动目标和内容确定了之后，接下来就可以进行预热了。当前大部分运营人员对预热的定位都是活动宣传，作为分析师应该有自己的理解。我们知道很多活动都会发放优惠券，那么优惠券本身就是一个需要研究的问题：如何才能实现优惠券本身带来的利润最大化?

以麦当劳的套餐为例，假设一份套餐的成本为20元，定价为40元。

我们知道，每个人对价格的接受程度是不一样的，比如100个人里面有80个人觉得40元很合理，能够接受，而另外20个人觉得40元太贵，30元可以接受。也就是每个用户都有一个“最高可接受价格”。

如果我们定价为40元，就会有80个人购买，我们的利润是（40–20）×80=1600元。

如果我们定价为30元，就会有100个人购买，我们的利润是（30–20）×100=1000元。

显然我们不希望明明可以多赚钱却少赚了，同时也不希望错过任何一个消费者，那么对于我们来说，最完美的方案是，80个人我们以40元卖给他们，而另外20个人我们以30元卖给他们，这样我们的利润就可以达到（40−20）×80+（30−20）×20=1800元。

这就是“利润最大化”，经济学上称为“价格歧视”，简单地说就是在接受者之间实现不同的价格策略。但是由于法律中明确规定不能进行价格歧视，要统一定价，因此很多商家就通过刺激型优惠券来对所有用户进行补贴，同时设置使用门槛。这样做的好处是，对于一些经济较好的用户，更多是原价购买，而对于经济差一点的用户，可以通过使用优惠券节省资金。

到这里读者就不难理解之前麦当劳的纸质优惠券了，如图4-37所示。电子版的不好吗？为何要用纸质的，带着不麻烦吗？

没错，就是要提高用户的使用门槛，对于一些价格不敏感的用户，一般都是临时决定去吃麦当劳，不会随身带着优惠券，而对于一些价格敏感的用户，一般都是有计划地去麦当劳消费，因此都会带着优惠券。这样商家就实现了利润的最大化。其实这里面本质不是纸质还是电子版，像现在基本上都是电子优惠券，但也有使用门槛，比如一定要分享、满多少元才可以使用、限时，这些其实都是变相地保证利润最大化。如果同一个活动好几个人收到的短信/营销策略都不一样，那么就是更加精细化的营销了。

图 4-37 麦当劳纸质优惠券

对于很久没有到店消费的用户，策略上应该是发送立减优惠券；而对于使用频次较低的用户，应该发送限时优惠券；对于消费金额低的用户，可以发送捆绑销售满减优惠券。

在优惠券上，另外一个比较复杂的问题是优惠券力度的设计，即设置多少才合适。有些互联网行业的人可能说做一个AB测试就可以了，是的，AB测试是可以，但不太能落地。当前大部分商家都没有这个条件来做：没有AB测试系统，也没有线上充足的流量，更多的还是靠个人经验、行业经验，实在不行，可以前期优惠小一点，然后慢慢调整，这个思想实际上也是AB测试的思想。

### 4.5.4 活动正式上线之指标体系日常监控分析

活动正式上线后，数据分析师的任务是观察每个指标并仔细分析，不仅是销售额，渠道选择、功能点击环节、活动玩法、活动奖品等都是要分析的。因此，数据分析师要提前把指标体系定好，并配置好报表，如图4-38所示为拉新成交活动指标体系。

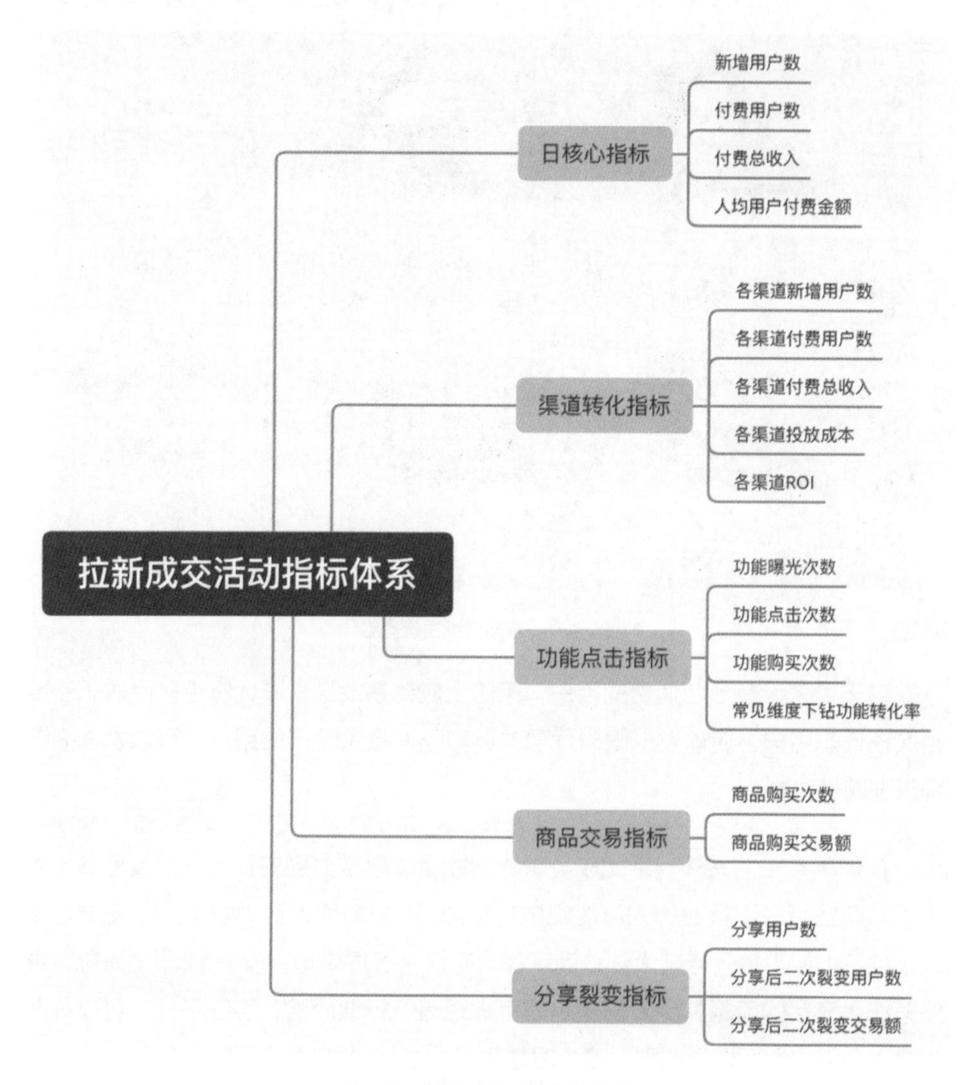


图 4-38　拉新成交活动指标体系

一般情况下，数据分析师参与运营活动都是从活动上线之后开始的。确实，在活动上线时，分析师的重点应该是已经建立好的各种数据报表，包括核心指标、渠道指标、功能指标、商品指标和其他指标，下面以拉新成交活动为例。

首先，要关注的是每天的核心指标，包括新增用户数、付费用户数和付费总收入，同时观察人均用户付费金额。

其次，要从渠道维度查看所有核心指标的差异性，做对比分析，从而有所发现，同时对渠道进行ROI评估。

再次，分别从功能和活动商品的角度来查看指标，在功能层面重点查看功能转化率，在商品层面主要查看商品的排名。

最后，查看其他指标如裂变，关注分享用户数和分享的效果。

因此，数据分析师的重点是提前做好所有报表，然后在活动中每天监控。

## 4.5.5　活动后效果复盘之整体效果分析

在活动复盘阶段，数据分析师要注重复盘的结论性和时效性。

结论性是指要给出明确的结论和建议：到底是好还是不好、为什么好、为什么不好。

时效性是指复盘要尽快，不要等到活动都结束1个月了才提供复盘报告。

因此，要达到这两个目标，数据分析师要尽快地从数据角度梳理出复盘架构。

还是以拉新付费活动为例，整体的效果评估包括短期效果、长期效果和活动之间的对比，如图4-39所示。

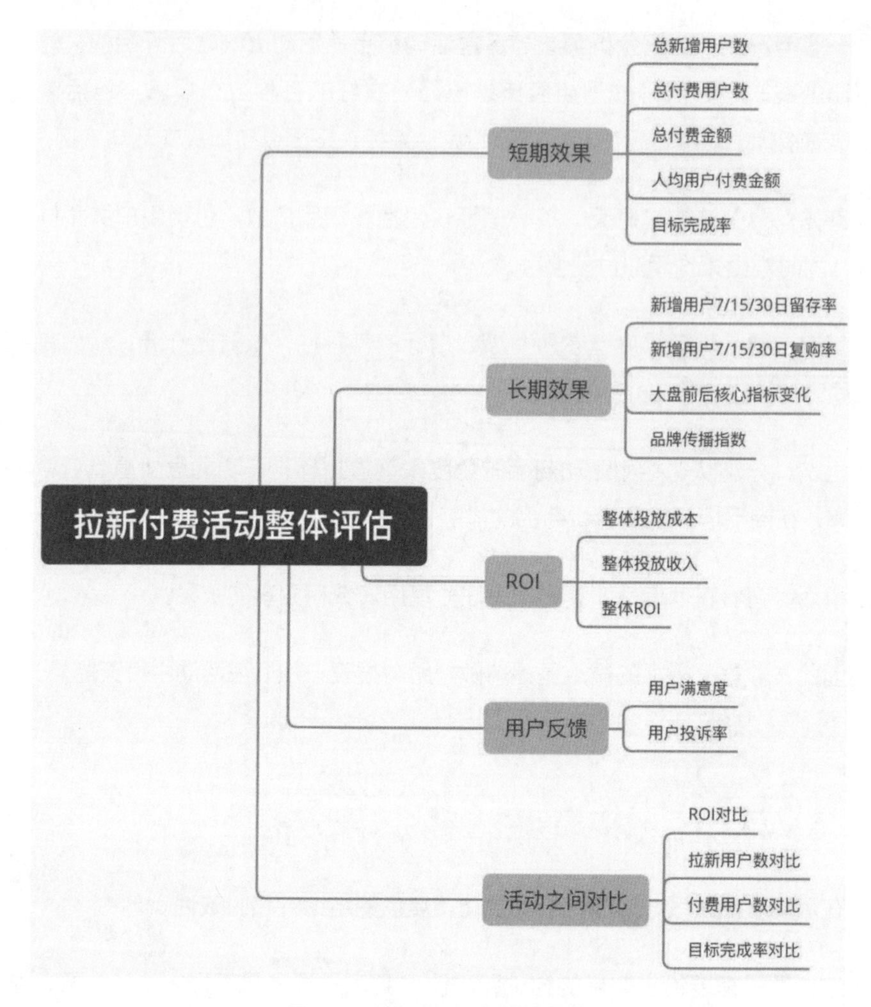


图 4-39　拉新付费活动整体评估

短期效果数据和日监控数据基本一致，还要关注目标是否完成，如果未完成，是什么原因导致的，以及和开始预设目标差异在哪里。

除关注短期效果外，更重要的是看长期效果，包括参加活动的新增用户在后续的留存率、复购率情况。同时，因为活动本身就是为了刺激大盘，所以也要去看大盘前后核心指标的变化情况。最后还要关注外部的品牌传播指数数据。

从ROI和用户反馈角度来看，因为活动已经结束，所以能够准确地计算ROI。

成本比较好计算，关键是计算收入。收入包括直接收入和间接收入。直接收入就是活动带来的商业化收入，如会员付费/App软件下载/积分商业化兑换/视频广告点击。间接收入是指其他隐形的资产，如拉新，每拉一个新用户，其实相当于变相地带来营收，因为我们通过渠道去推广拉新也是要成本的，那么这里就可以通过拉新成本来计算这部分间接收入。用户反馈要关注用户的满意度和投诉率，特别是投诉信息一定要及时同步反馈。

最后是不同活动的横向对比，从ROI、拉新、付费、完成率角度综合查看。

基于以上指标，最终在1~2周内提供一份完整的活动复盘分析报告。

## 4.6 用户增长分析

一说到用户增长，很多人就想到各种黑科技或钻空子，通过这些手段能够带来用户规模的爆发。很多公司专门招聘了增长产品经理、增长分析师，最后发现并没有实质性的改变。根本原因还是没有想清楚增长这件事，如果去研究市场上的一些用户快速增长的公司，就会发现用户增长主要以裂变流或投放流为主。

裂变流：基于微信生态快速裂变，包括使用小程序、朋友圈、微信群快速圈人。

投放流：基于广告媒体平台付费圈人，只要能保证带来的用户所产生的收入大于获客成本，该模式就可以持续下去。

无论是哪种模式，前提都是要保证不违规和用户产品体验，同时一定要带着长远的眼光去看一个公司的用户增长。下面笔者分享看过的所有用户增长案例中非常有借鉴意义的一个案例。

图4-40所示为小红书增长技术负责人占雪亮所做的“精细化运营在小红书的实践（升级补充版）”。

小红书 为什么低龄用户的留存比较差？

背景：

之前分析发现，来自信息流等渠道的用户次日留存率低，他们的人群特征是低龄，行动特征是“点赞即走”，容易发生engagement，但是大部分点击一篇笔记就不来了。我们觉得可能的原因是他们只有周末能玩手机，平时上课并不能很方便地使用App。

分析的维度：

1. 不同低龄的用户表现是否有差异？

2. 他们来小红书想要看到什么内容？能看到他们喜欢看的内容吗？

3. 他们的Feed流推的是他们想看的内容吗？

图 4-40　小红书增长技术负责人对小红书精细化运营的分析

针对低龄用户留存率低的问题，可以拆分为3个维度，通过大量的数据提取和数据分析，最终发现：

- 真正留存率低的是 15 岁以下的初中生和小学生，且这些用户大多数是通过 SEM（搜索引擎营销）和信息流购买来的用户，市场部门在投放侧需要更精准地定位年龄信息。

- 大部分的年轻人想来小红书看动漫、明星或学习相关的内容。从搜索表现来看，明星内容并不能很好地满足他们的需求，需要调研团队针对这个问题做用户调研，搞清楚他们想看的关于明星的内容是什么。市场部门投放（特别是 SEM）广告时可以多尝试减肥、祛痘、护肤、粉底液这种题材，因为这些题材的内容在小红书中的搜索点击率还是比较高的。广告投放要和产品属性一脉相承。

- 在年轻人更偏好的多个类目上，内容曝光过少，他们并没有很好地被满足，未来运营团队需要重点补充这些类目的内容。当然，内容不足的品类也可以暂时拿走，避免新用户注册后期望过高，进而流失。在分发侧，全面大众的内容对不同的年龄段要有所区分，算法团队需要调整当前的分发策略。

这个案例好的地方在于方法论非常通用和具备代表性，而且可持续，绝不是简简单单的买量和裂变，然后包装得很“高大上”。

所有的这一切最关键的点还是从用户本身出发，围绕着用户，这也是持续增长的根本方法。另外，不管当前产品处在什么阶段，其实都要追求增长，只不过增长的目标不一致，在不同的阶段有不同的优化方向。

在创业期，为了打磨产品，会追求用户黏性的增长，也就是留存率。

在发展期，为了占领用户心智，会追求用户规模和习惯培养的增长，也就是活跃度。

在疲倦期，为了转型，会追求商业化收入的增长和流失率增长的管控。

要想完成爆发式增长，就要先找到明显的薄弱点，然后强化它。很多从0到1的产品增长都是这样完成的。

接下来分别讲解如何进行用户留存率增长分析和用户流失率降低分析。

### 4.6.1 用户留存率增长分析

在产品投放初期，往往都需要做新增留存率分析，然而行业内的现状是，产品已经很成熟了，却从来没做过新增留存率分析，到后期发现留不住用户的时候赶紧找人来“补窟窿”。这个时候也正是增长分析师最好发挥的时候，需要做的就是从产品整体的角度去看留存率的提升，而不是头痛医头、脚痛医脚。

案例：针对一款产品A，每天需要大量的新增用户买量，发现新增用户留存率明显低于竞品的新增用户留存率，这个时候需要产品经理来提升留存率，如图4-41所示。

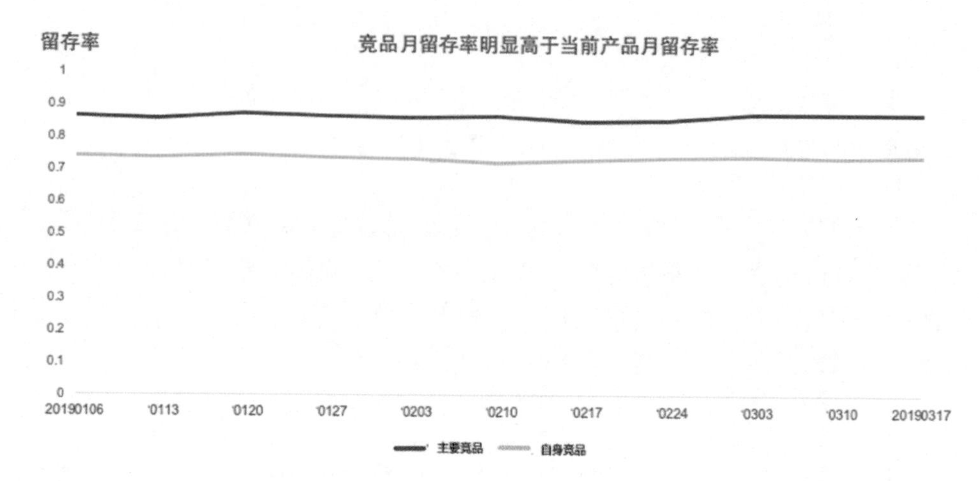


图 4-41　产品 A 与竞品月留存率对比

一般产品经理都是关注渠道，看哪些渠道的留存率低，然后减少投放或不投放。这是最简单的一种做法，往往稍微有经验的渠道运营经理都能很好地做渠道投放管控。除渠道外，产品本身的优化包括三个方面，如图4-42所示。

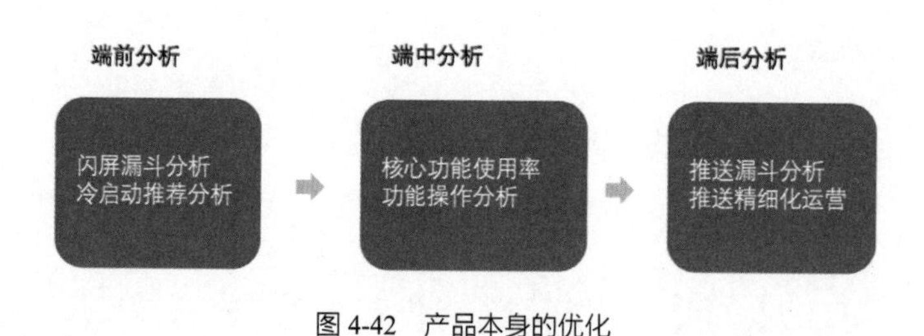


图 4-42　产品本身的优化

### 1. 端前分析

以闪屏为例，实际上很多产品在这个点做得都不好，往往有5s以上的闪屏，此时需要仔细查看新增用户的折损，拆分得越细越好，如图4-43所示。

图 4-43　拆分新增用户数

对于新增用户来说，应该尽快地体验产品带来的惊喜，而不是停留在闪屏。美颜相机类产品在做用户增长的时候，也是让用户尽快地看到自己拍出的满意的照片，最后成功实现用户增长。

## 2. 端中分析

重点分析用户进来后有哪些行为，以及这些行为和留存率的关系。

案例：在分析某产品的功能渗透率（用户占比）和产品留存率之间的关系时，发现20%以上的用户没有点击行为，同时留存率最低；只要用户有正式功能点击，留存率就较高，如图4-44所示，建议引导用户点击。图4-44中的功能A和功能B是产品的主要功能。

占比：使用该功能的用户数/产品日活。

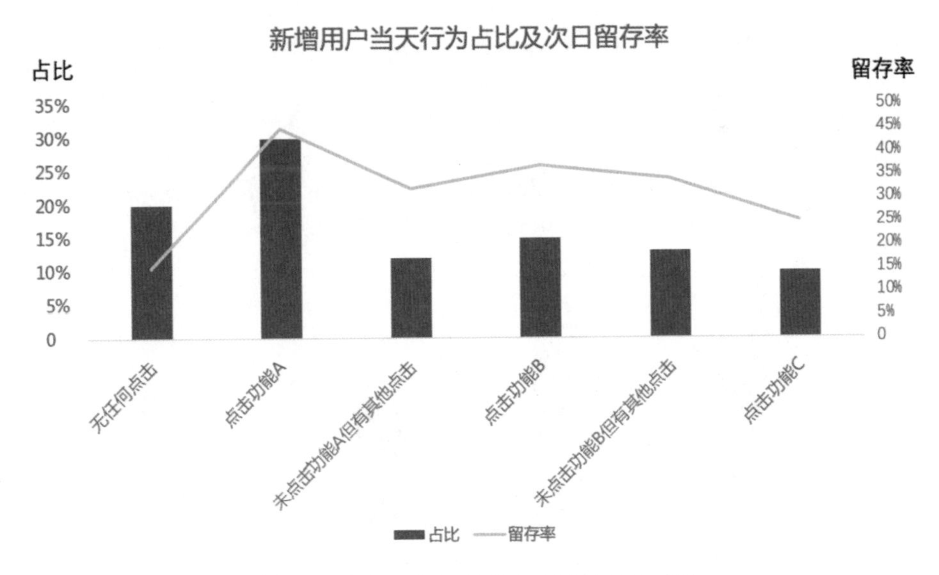


图 4-44 新增用户当天行为占比及次日留存率图

因此，工作的重点是引导用户点击，特别是对功能A的点击，可以利用优惠券、积分权益进行刺激。

同时，通过对数据的进一步挖掘发现，当用户在用一些组合多维功能后，留存率能有一个明显的提升，如图4-45和图4-46所示。因此，先找到多维组合因子，然后用产品做引导，比如用完功能A后，引导用户使用功能C，这也是支付宝的多维打高频策略。

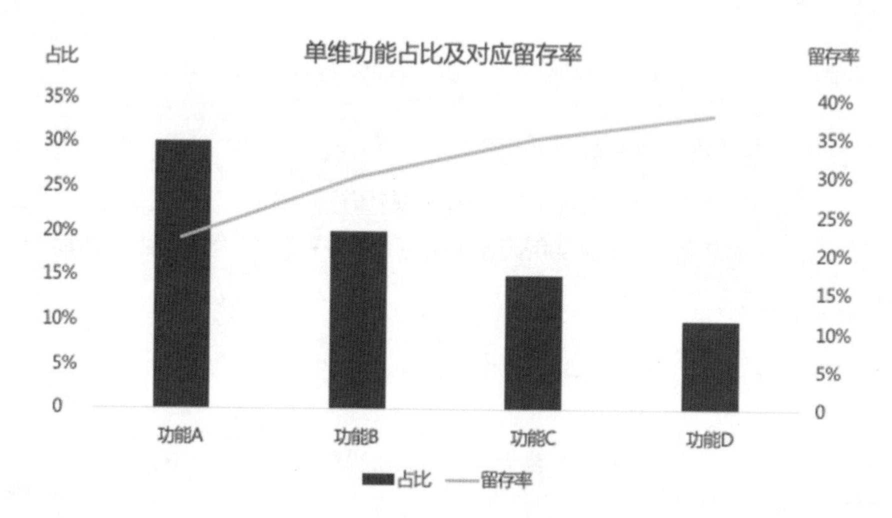


图 4-45　单维功能占比及对应留存率

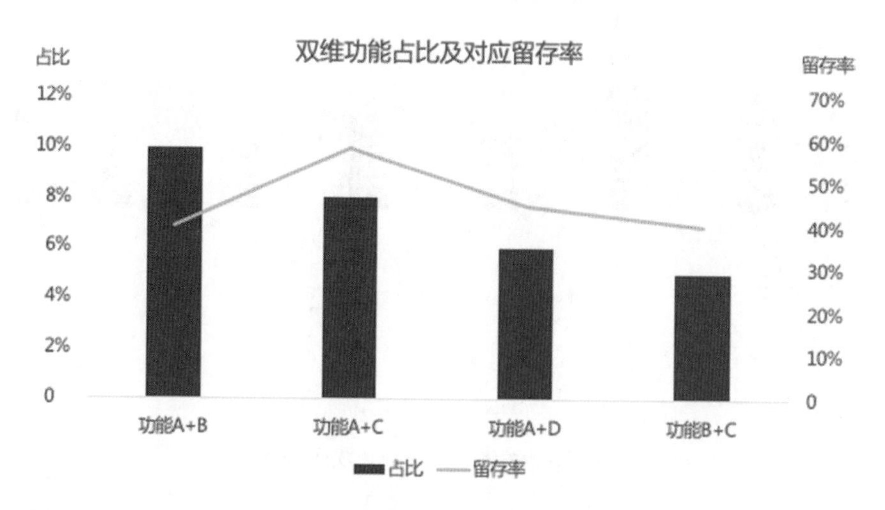


图 4-46　双维功能占比及对应留存率

讲到这里再说一下功能操作分析，对于一款产品来说，往往一个用户有诸多行为，哪些行为最能影响用户留下来？功能操作分析的前提是找到主要影响留存率因子的功能，然后看主功能使用次数对留存率的影响。这里可以从有监督学习的角度来看。

从模型的角度来看，用户每次来与不来都是一个Y值，而影响Y值的因子有很多：功能A使用次数、功能B使用次数、C入口打开次数、D入口打开次数、功能E活跃度、功能F留存率、功能G使用时长。

一般因子建议控制在6~10个，数量太多不容易解释，只选取跟业务高度相关的因子即可，不用做得太细。算法采用随机森林或决策树，通过因子重要度排序（如图4-47所示）来看谁是最关键因子，然后做进一步分析。

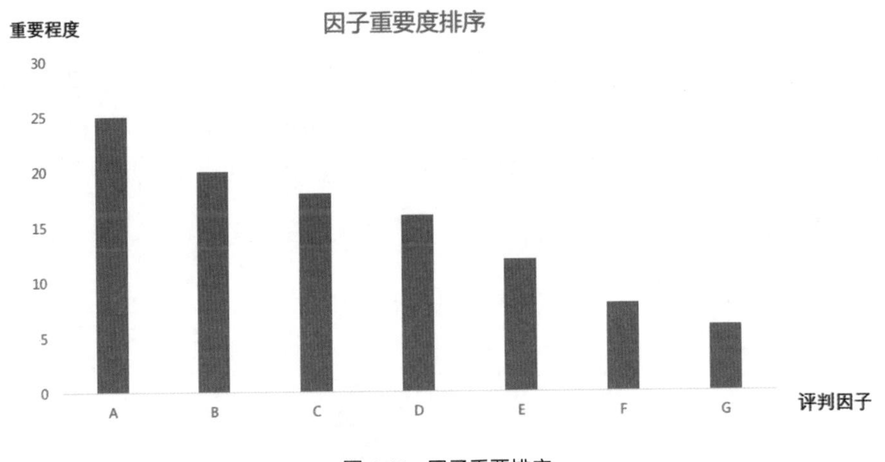


图 4-47 因子重要排序

由重要度排序发现A因子最重要，也就是A功能最能够影响用户来不来。然后看功能A在使用次数上是否有拐点，经分析，发现当一个用户使用次数超过3次后，留存率有明显的上升，因此此处功能A使用次数的拐点是3，如图4-48所示。

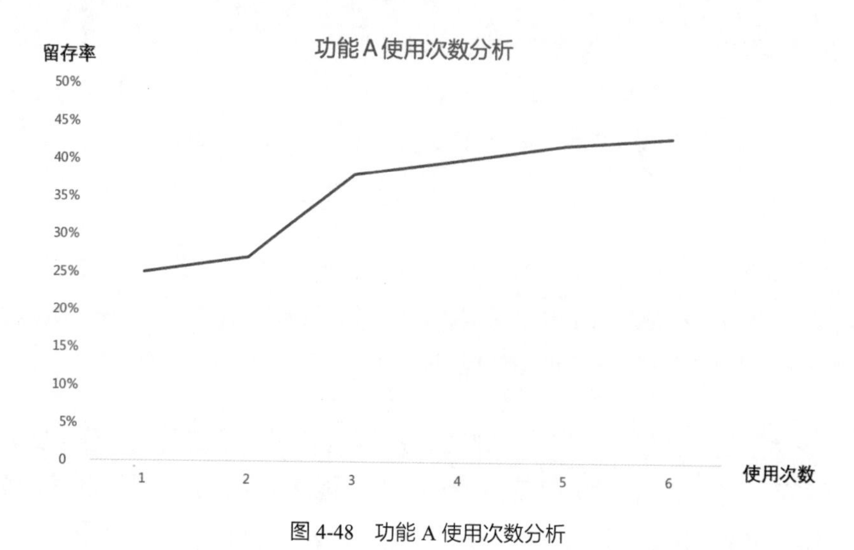


图 4-48 功能 A 使用次数分析

### 3. 端后分析

推送作为用户留存很重要的一个入口，对推送业务的日活占比、通道能力、行为数据进行分析，可以很好地提升用户后续持续的留存。如图4-49所示，分析发现早上7—10点的内容曝光占比最少但留存率最高，因此可以分析是否要进一步增加早高峰时段的内容曝光数。

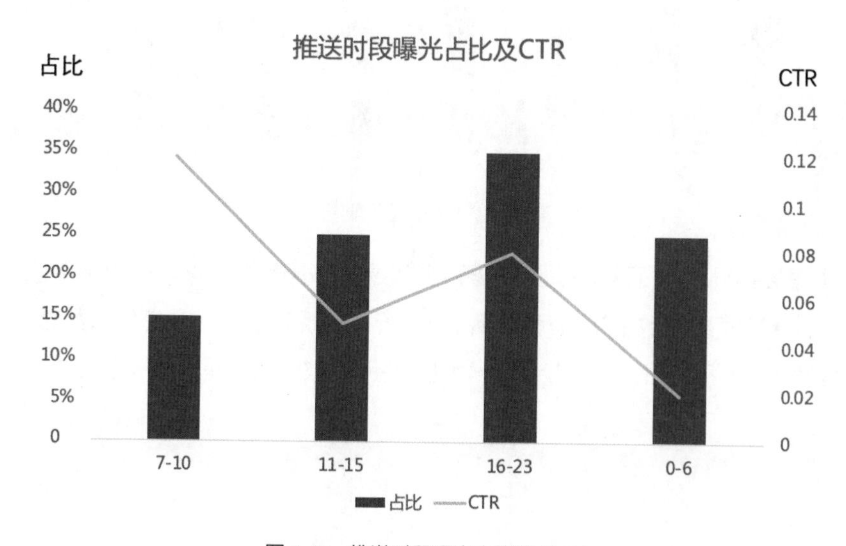


图 4-49 推送时段曝光占比及 CTR

## 4.6.2 用户流失率降低分析

对于一款产品来说，只要能保证用户流入大于用户流出，就可以保持一个正向增长。因此一方面要增加用户流入，另一方面要减少用户流出。目前，整个行业更多的还是忙于渠道新增、用户活跃，对专门的流失用户运营少之又少：

- 没有意识到流失用户，或者压根不知道还有流失用户的运营；
- 产品运营在这里能直接发力的点太少；
- 渠道产品运营互相“踢球”。

流失用户无论是从原因分析、预警，还是召回策略，都是全程用数据来指导运营的，如图4-50所示。

图 4-50　流失用户的运营

流失原因分析：通过用户反馈数据、已有数据分析、定量定性抽样用户调研，找到用户流失的原因。

流失用户预警：找到用户流失的原因后，结合监督学习模型特征，进行高风险流失群体预测。

流失用户召回策略：对高风险流失用户进行分类，制定不同的召回策略，并进行效果监控。

### 1. 流失原因分析

案例：通过应用市场的评论数据查看拼多多产品的用户反馈信息，如图4-51所示，找到用户流失的原因。

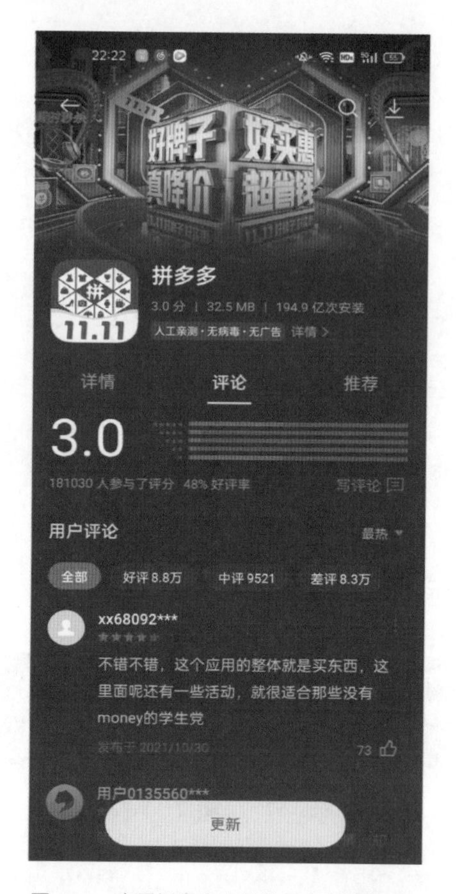


图 4-51 查看拼多多产品的用户反馈信息

- 商家认为这些评论是个例，无论怎么做都会有差评，而分析师要做的就是通过统计抽样分析各类评论占比，比如某品类物流慢。
- 不是说这些问题都要解决，而是要知道哪些问题能快速解决，哪些问题暂时解决不了。
- 分析师要多看不同来源的数据：大数据报告、应用市场、自身数据，特别是在新发版之后一定要去看产品评价，保持敏感性。
- 有了大数据之后，研究用户流失的人员再去进行针对性的调研，进行定量和定性分析，做出更加全面的判断。

案例：多年以前笔者在一家事业单位做一个企业服务产品的时候，遇到产品次年续约率低的问题。那个时候所有人都认为有两个原因：价格比较高和用户忘记续约。

由于价格本身变动不了，因此给出的针对性运营策略是在用户产品到期前3个月给用户打电话、产品到期前一个月再给用户打电话、过期一个星期再次给用户打电话。因为很容易获得用户的联系方式，所以就认为这是最有效的解决办法。如果用户还不续约，很有可能已经流失了。

直到后来轮岗，笔者去一线拜访用户，在跟他们沟通的过程中，才发现续约率低的原因不是之前想的那样，大致而言用户不续约有以下解释：

- 想去你们那里办理，但是找不到路（因为是政务事项，所以是在线下办理）；
- 不能网上缴费；
- 太贵了，感觉没什么价值；
- 工作太忙去不了；
- 不是去年交了钱吗，怎么还要交钱；
- 公司已经倒闭了或已经不需要这个产品了；
- 最近换工作了；
- 太远了，不想去；
- 过期了还能用，我用一段时间再说；
- 需要问一下老板要不要续约。

稍微整理一下，可以得出用户不续约的原因，如图4-52所示。

| 用户不续约的原因 | 反映的问题 |
| --- | --- |
| 想去你们那里，但是找不到路 | 反映出整个公司无线下导航 |
| 不能网上缴费 | 线上无缴费渠道 |
| 太贵了，感觉没什么价值 | 产品用户价值感不强，缺少存在感 |
| 工作太忙去不了 | 线上无缴费渠道 |
| 不是去年交了钱吗，怎么还要交钱 | 产品用户价值感不强，缺少存在感 |
| 公司已经倒闭了或已经不需要这个产品了 | 没有需求 |
| 最近换工作了 | 没有需求 |
| 太远了，不想去 | 线上无缴费渠道 |
| 过期了还能用，我用一段时间再说 | 没有实际惩罚机制（比如产品有效期） |
| 需要问一下老板要不要续约 | 非决策人 |

图 4-52　用户不续约的原因

可以看出，用户流失的真实原因绝不是简单的价格问题和忘记续约。

## 2. 流失用户预警

预警就是为了更好地召回，在用户没有非常不满意之前补救。

案例：针对游戏类App，流失预警，特别是高收入群体的流失预警是非常重要的一项工作，流失概率公式如下：

$$Y=\frac{1}{1+e^{-(aX_1+bX_2+cX_3+\cdots)}}$$

$Y$：流失概率。

$X_i$：重要的评判流失概率的指标，如累计充值金额、累计充值天数、累计充值次数、累计登录次数、最近7天充值金额、最近7天充值次数、最近7天充值天数、最近7天登录次数、最后一次充值距离当前的天数、最后一次登录距离当前的天数。

直接几行代码就可以计算出结果，检查显著程度$P$值、变量相关性和结果指标（准确率和覆盖率），看是否需要进一步优化，一般覆盖率80%以上就没有问题，可以先在线上投入使用。

### 3. 流失用户召回策略

流失用户的召回需要经过高频召回、分类召回、文案AB测试三个步骤，最终得到最优召回策略，如图4-53所示。

图 4-53　流失用户召回策略

高频召回意味着一定要周期性召回，很多团队让人很不舒服的一点是召回完全没有节奏。比较好的召回周期是周、双周、月，分别对应短、中、长节奏。比如周召回，用户上周打开了App但是这周没有打开，那么就需要用文案刺激用户。

分类召回是为了拥有更好的转化率，分析师能够通过分类如活跃程度分组带来更优召回。

文案AB测试是指在做文案运营时会涉及不同文案对点击率的影响，因此要做AB测试。

案例：某团购App近期在拉新，发现新增流失率较高，决定对流失用户进行召回，可以通过以下完整步骤来执行。

（1）拉取在2月1日—2月7日打开了App，但是在2月8日—2月14日没有打开App的用户。

（2）按照用户短期核心行为进行分类，如群体1是注册并且有购买美食行为的用户，群体2是注册并且有购买电影票行为的用户，群体3仅仅是注册用户。对这些群体分别推送美食类优惠券、电影类预告、大幅度满减信息。

（3）通过不同的文案触达用户，反复测试并查看数据效果，形成体系化召回，在不同的产品中推广使用。

可以看出，本章中所有的增长都离不开数据分析的支持，不追求单一的数据变化，而是通过用户行为来决定增长策略和增长节奏，只有这样才是健康和可持续的。

# 第5章
# Chapter 5

## 推演、组织、验证出正确的结论

数据分析是数据分析师工作的过程，这个过程的结果应当能够得出指导业务向其核心目标正向发展的结论和策略。得出结论的过程不仅是简单的数据罗列，而且应该是基于缜密的逻辑推理后得出的合理结果。本章将介绍一些常见的推理结论过程中的谬误，并以此作为起点，继而介绍“金字塔原理”这种组织结论的正确方法，最后介绍“AB测试”方法帮助读者验证得出的结论的合理性。

## 5.1　合理推演，避免谬误，从而得出正确的结论

通过数据分析，我们会得到一些数据上的结果，但结果并不等于结论。一个合理的结论，应当是以数据分析结果为支撑、以正确的逻辑推演为过程得出来的。

正确的结论往往不是那么容易获得的。一方面，逻辑推演的过程很容易存在各种逻辑谬误，推演的过程不合乎逻辑，导致最终得到的结论不可靠；另一方面，我们为了得到最有利于我们的或符合我们预设的结论，很可能会选择性“忽略”逻辑谬误的存在，直接越过合理的推理过程，得到一个看似“合理”但其实并不正确的结论。

无论是哪种原因，都不应成为我们容忍逻辑谬误存在、得出不正确结论的借口。在后续的内容里，笔者将介绍几种常见的逻辑谬误，并通过解释谬误的表现、列举数据分析工作中常见的谬误案例，给读者做参考和借鉴。

### 5.1.1　过度简化因果谬误

第一种常见的谬误是过度简化因果谬误。这种谬误往往把试图论证的“因”和“果”不加思索地连接起来，把两个并不一定实际有因果关系，但可能在时

序、顺序上有一定关系的事情关联起来。这种谬误强行建立因果关系，有时是我们为了论述某个有利于自己的行为、决策而下意识犯下的错误。但为了求真，我们要谨慎避免这种倾向，尽力做出最真实的分析。

下面举几个生活中的例子说明什么是过度简化因果谬误。

- 自从陈先生搬进这栋楼之后，我就在这栋楼里发现蟑螂了，所以一定是他把蟑螂带进来的（分析：蟑螂出没可能是因为潮湿的夏季来临，也可能是因为这栋楼底商开了新的餐厅，原因有很多，不能仅因为时序上存在陈先生搬进来和蟑螂出没的先后关系，就强加因果关系）。

- 只要我按下这个按钮，电灯就亮了，所以只要我按下这个按钮，电灯就会亮起来（分析：我们从事实观察中发现，按下按钮后，电灯就会亮，但实际上，电灯会亮还需要电路良好、供电正常等多方面共同作用才行，所以“按下按钮”和“电灯亮”并不存在实际的因果关系）。

为了了解用户的行为原因，我们常常会采用问卷/电话调研的方式去了解用户。这是一种很不错的与用户直接交流、了解产品所存在的问题的方式，但是也存在一些问题：由于问卷的篇幅有限、电话调研的时长有限，我们往往只能从用户侧获得一个“标签化”的简单回答，无法深入挖掘背后的原因，就容易过度简化因果。

案例：在目前火热的社区团购赛道，各家对用户的订单锱铢必较、分毫必争。所以，在加购物车到下单付款的环节，如果存在漏斗损失，那么的确是一个很好的提升销量的改进点。于是，我们对加购物车但订单不付款导致超时的用户进行电话调研，了解其背后的原因。统计调研结果，发现绝大部分用户是忘记付款了，由此我们可以对这部分用户增加提醒次数。还可以发现，有11%的用户是由于“没钱”导致的订单未完成，如图5-1所示。如果我们直接理解为没有钱，用逻辑推导出来的解决方案可能就是为用户提供金融服务，比如类似花呗这类的借贷、分期服务，但这样我们就犯了过度简化因果的错误了。

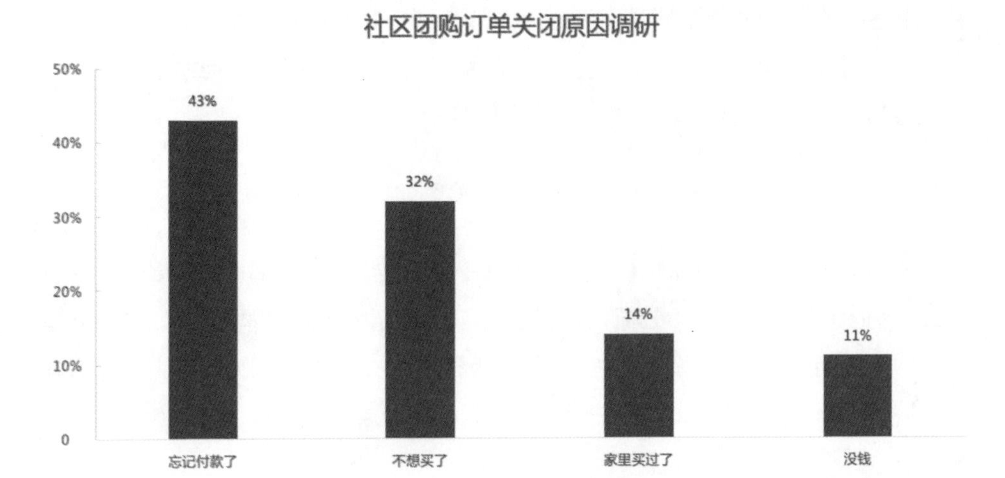


图 5-1　社区团购订单关闭原因调研

深入探究发现，在社区团购的业务语境下，很多用户是年龄偏大的中老年人群，他们是真的“没钱”吗？其实不然，我们忽略了一个很重要的原因：很多中老年人并没有绑定移动支付账号，所以他们说的“没钱”，并不是真的没有钱，而是移动支付账户没钱。

## 5.1.2　滑坡谬误

第二种常见的谬误是滑坡谬误。顾名思义，滑坡谬误是推演过程中一级又一级地逐层滑坡，一错再错，最终推导出不合理的结论。它往往是基于过度简化因果谬误衍生出来的，有了第一级过度简化因果导致的错误推论，基于这个错误推论又继续推导出下一个错误推论，就像山体滑坡一样不断地一错再错。

下面同样进行举例说明。

- 如果不好好学习，就考不上好大学，考不上好大学，就找不到好工作，找不到好工作，你的生活就很难过得舒坦了（分析：好好学习和上好大学必然是因果关系吗？似乎不然，上好大学也可能有运气或通过别的特长考取的可能性）。

- 今天外面下好大的雨，如果你不带伞，就会被淋湿，被淋湿就会感冒，感冒就很容易发展到肺炎，得了肺炎就有可能危及生命（分析：不带伞就一定会被淋湿吗？可以在室内避雨或使用其他雨具）。

现在大部分的商家都希望找到合适的线上推广渠道，通过精准的渠道投放，撬动更高ROI回报。推广渠道有很多，如何找到最适合自己产品的、预算的渠道，需要仔细研究。图5-2是Y产品推广渠道，Y产品是一款主打健康低糖的零食，在多个社区平台、内容平台、视频平台都进行了投放，观察后发现，公众号的下单/曝光的转化率是最高的。如果单看这个渠道转化率的数据对比，为了推动销量上升，渠道决策者很可能会做出这样的推论：因为公众号的转化率最高，所以我们应该将所有的资源投放到公众号渠道，投入在其他平台的资源其实是一种低效投入，会导致渠道投入费用被浪费，公众号销量得不到刺激，从而导致销量低。

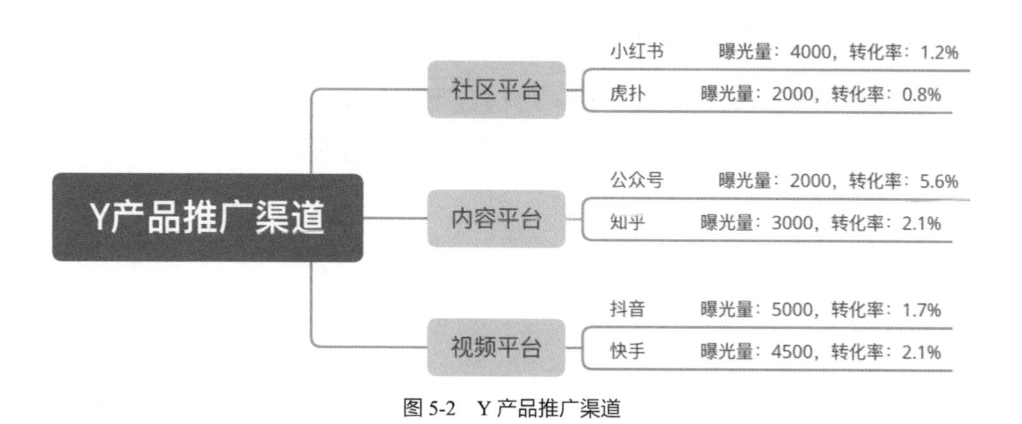


图 5-2 Y 产品推广渠道

乍看之下，公众号的确是最应该被投入的渠道。但是，这里缺乏对数据现象背后本质的进一步思考。首先，公众号渠道是一个高忠诚度、高黏性、高认知度的渠道，当一个用户能主动去关注并阅读公众号的内容，说明他在此之前就对品牌有一定的认知和认可了，所以才会关注公众号。所以，对比其他非订阅型的平台来说，公众号转化率比较高是一个十分正常的现象。其次，由于Y产品是零食产品，单价往往不高、用户决策成本较低，从销量提升的角度来看，如果要推高销量，那么更应该投入的是用户决策成本低、种草能力更强的短视频渠道、社区渠道等。当然，从长期品牌建设的角度来看，投放公众号也很有意义。

### 5.1.3 忽略常见原因谬误

第三种常见的谬误是忽略常见原因谬误。这类谬误往往与对常识的了解不足有关。在进行逻辑推导的时候，我们可能把过多的注意力放在“已知条件”上，忽略了一些“看不见但存在的条件”，这些就是常识性的原因。因为我们不能直接看见这些原因，所以才会将其忽略。

- 从数据折线图上可以发现，冰激凌的销量和电力的使用情况都在夏天的时候达到高峰，说明制造冰激凌十分耗电（分析：这个推导明显忽略了夏日天气炎热这个原因，天气炎热会导致冰激凌的销量上升，也会导致空调等电器的使用率增加，导致用电量上升）。
- 每到周末，CBD里的某些餐厅就缩短了营业时间，甚至不营业了，说明这些餐厅经营者周末也需要休息（分析：CBD区域主要是写字楼，到周末往往人流量小，有的餐厅如果继续维持跟工作日一样的经营时间，有可能会入不敷出，所以在周末歇业可能是更好的选择）。

案例：某游戏社区App产品在8月底—9月初的DAU（日活跃用户数）走势如图5-3所示。在9月1日，DAU经历了一个大滑坡，但在此之后又逐步上升。当看到DAU大滑坡时，一般第一反应会从几个方面去排查：首先，产品功能是否发生了比较大的故障，导致不可用、DAU下降；其次，可以排查DAU的组成结构，是新用户还是老用户的DAU下降比较严重，如果是新用户，可能新增渠道出现了较大问题。最后，可以排查数据统计问题等。

当对主要的可能性都进行了排查，发现都不是这些原因导致的时候，如果有一定的联想能力，可能就会发现9月1日是一个特殊的时间节点。结合App本身是游戏社区的属性进行联想，我们发现排查中忽略了用户属性这个重要的特征。由于游戏社区的用户大多是学生，因此在9月1日开学的时候，App的使用情况就大不如假期，DAU的陡然下滑就有了合理的解释。

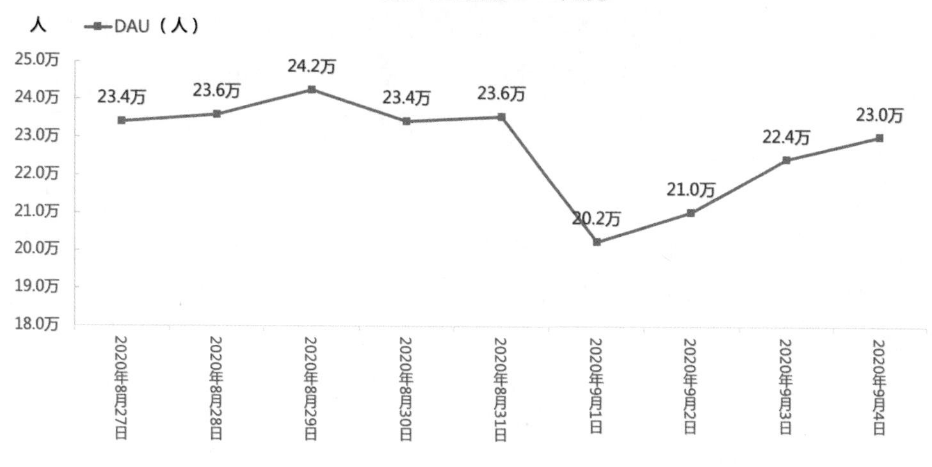


图 5-3　某产品近期 DAU 走势

## 5.1.4　事后归因谬误

第四种常见的谬误是事后归因谬误。这类谬误常常是由于我们看到两件事情先后发生，便自然地把两件事情进行联想、联结，认为两件事情存在因果关系。一方面，两件事情可能仅仅是一种时序上的巧合；另一方面，这样做会阻碍我们去挖掘事情背后本质的原因。

- 我昨天下午吃了一个雪糕，今天早上就觉得有点感冒了，一定是吃雪糕让我感冒的（分析：感冒的原因是复杂的，可能是衣服穿少了着凉了，也可能是被感冒的人传染了，在吃雪糕之后感冒就判断是雪糕的原因，犯了事后归因的错误）。

- 村里的老人总说，黑猫会带来坏运气。这不，刚刚一只黑猫跑过，小明就摔了腿，说明黑猫的确会给人带来坏运气（分析：人们在遭遇霉运的时候往往会有这种事后归因的倾向，归咎于不够幸运，这就是一种诉诸不可知而不进行理性思考的行为）。

“归因”在许多以销售为导向的业务中一直是一个很重要的话题。最常见的应用场景就是归因用户的下单购买行为，到底是从哪个渠道、哪次广告的触达带来的转化？这里既可能涉及渠道费用结算的问题、渠道费用投入ROI的问题，也可能涉及不同渠道之间的对比评估、后续投放的问题。

最常见、最方便的一种归因方式就是“事后归因”，也就是末次归因方法。这种归因方法直接把用户下单购买行为的上一步/渠道当作是100%的原因。这种方法的优势是方便统计和计算，但劣势是完全忽略了对用户前期任何形式的广告曝光所埋下的兴趣伏笔的作用。

所以，在归因分析中，更合理的方式是对用户转化链路上的各个触点都给予相当的权重，从而去评估效用。这种赋权方式有几种常见的方法。第一种是线性归因法，即对转化链路上的各个触点都平均赋权，这种方法适用于各个触点的属性效用差异不大的场景。第二种是时间衰减归因，即对越接近转化节点的环节，越赋予更高的权重，而对越远离转化节点的环节，越赋予较低的权重，这种方法适用于更依赖短期促销、快速决策的商品，但不太适合那些需要更慎重决策的商品购买行为。第三种是U型归因法，即对一头一尾的触点赋予更高的归因权重，这种方法对那些重视线索获取和销售达成的商品来说比较适合。

### 5.1.5 以偏概全谬误

第五种常见的谬误是以偏概全谬误。这种谬误往往忽略了样本选择的可靠性，样本是否随机、样本量是否足够大，这些都是影响结论正确性的重要因素。如果犯以偏概全的谬误，用小样本代表大群体，往往就会导致结论的偏颇。

- 很多东北人喝酒都很厉害。你也是东北人吗？那你一定很能喝，千杯不醉

（分析：这其实就是一种以偏概全的典型案例，虽然一部分东北人喝酒厉害，但并不代表所有的东北人都很能喝酒）。

- 我好多次在人流量很大的地方急需用共享单车，好不容易找到一辆，扫码后却发现是坏的，所以共享单车全都不靠谱（分析：人流量大的地方需求量大，所以往往很难找到可用的共享单车，能找到的大概率是坏了的、被弃用的车。这个案例犯了以偏概全的错误）。

对人的“标签化”也是一种很常见的以偏概全的谬误。“标签化”是一种简化认知成本的方式，能让人快速地抓取大量信息，但很多时候也遏制了更主动、深入了解的可能性。

案例：资讯App在冷启动阶段往往需要通过简单的初步测试，逐步学习、了解用户的偏好，从而为用户推荐更为精准的资讯内容。为了快速学习用户偏好，数据分析师可能会尝试找一些聚类的相似性，帮助业务快速确定策略方向。这时，通过经验判断，我们可能会先根据一些基本的人口属性做人群分类，比如性别、地区、年龄等。年龄相对来说是线性、均匀的一个维度，同年代的用户可能在爱好上存在一定的相似性。

在展示同一批冷启动资讯内容的时候，我们尝试观察不同年代的人最先点击的内容的分类是什么。如图5-4所示，通过数据分析发现，“60后”“70后”的用户最大比例先点开时事新闻，“80后”“90后”“00后”的用户最大比例先点开生活百科。如果仅看这个结论，我们很可能直接推论：可以给“60后”“70后”的用户优先展示时事新闻，给“80后”“90后”“00后”的用户优先展示生活百科。这样的推论犯了以偏概全的错误。首先，尽管我们选的是各个年代用户里最大比例被偏好的内容作为最优先展示的内容类别，但是用户的比例也不过最多34%，并不能代表这个年代里的大部分用户的偏好。其次，数据分析的来源也只选取了每个年代100个用户的样本，样本量偏少，并不能认为这个样本量级的用户偏好能代表这个年代的用户偏好。

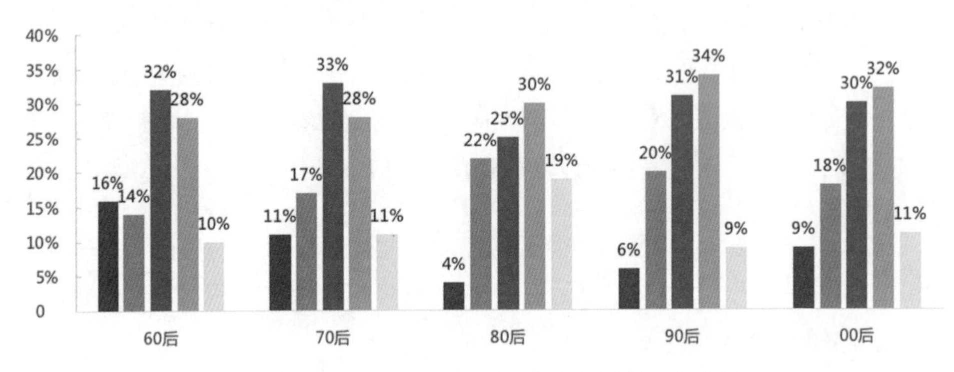


图 5-4 各年代用户在冷启动阶段最先点击的资讯的分类

# 5.2 分析结论的组织：金字塔原理的使用

经过大量的数据处理和分析，我们已经可以得出关于一个问题的很多要点了，恭喜你！但是，这些要点往往是零散的，我们需要把要点组织起来，才可以算得上是得出了“结论”。在总结出“结论”之前，我们先一起来看看，“结论”的几个层次是什么样的，什么样才算得上是合理的结论。

## 5.2.1 结论的三个层次

结论的第一个层次是描述性结论。这个层次的结论是我们应当给自己定下的最低要求。根据待解答的问题，我们要有条理、有依据地把通过分析得出的结论阐述给受众。这类结论通常可能是对现状的定量和定性，或者是从多个维度对某个问题进行分析。基本能做到把要表达的观点阐述清楚，这个层次就算是达标了。

结论的第二个层次是产品优化建议。把问题分析清楚了，只是第一步。把一堆数据结论摆在业务推动对象的面前，对方只能“频频点头”，其实并不知道应当怎样转化成可以实际落地的东西。所以，这就要求数据分析师把结论转化成优化的建议，才能对业务产生实际的价值。说着简单，但其实很多入门的数据分析师很容易在“得出描述性结论”这一步就觉得大功告成，没有主动优化建议的意识。要培养这个重要意识，可以在每个分析结论后问问自己，“这个结论是这样的，所以呢？”激发自己去主动思考业务可以怎样优化，从而进一步提出优化建议。

结论的第三个层次也是最有价值的层次，是产品优化策略。这里有的读者可能会觉得第三个层次跟第二个层次的“产品优化建议”很像，其实区别还是很大的。在笔者入门数据分析时，通过刻意训练，基本上可以提出不错的“产品优化建议”，这类建议往往是泛化的大方向，比如“根据用户生命周期阶段制定不同的通知栏推送策略”等；但如果想要实现数据真正驱动业务，数据分析师应当提出更为具体的优化策略，比如“对新增阶段用户下发新增次日福利推送”“对7天沉默用户下发App内未读内容提醒推送”等，如果有更加具体的整套策略方案，则更佳。

结论的三个层次的关系如图5-5所示。

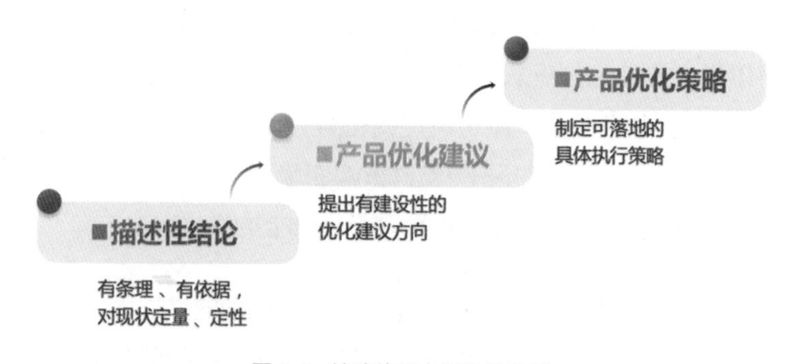


图 5-5 结论的三个层次的关系

案例：以电商领域最常见的加购链路优化作为案例去阐述结论的三个层次。如图5-6所示，我们对某电商App通过数据埋点、数据图表分析可以发现，从首页浏览到加入购物车这个环节的漏斗是13%，而从加入购物车到买单支付这个环节的漏斗是40%。两个环节的漏斗都有比较大的折损，有很大的优化提升空间。初看这个数据，我们能得出如上的“描述性结论”，说明目前该电商App加购链路的现状，但并没有进一步深挖每一层漏斗的折损原因是什么，以及该如何优化。

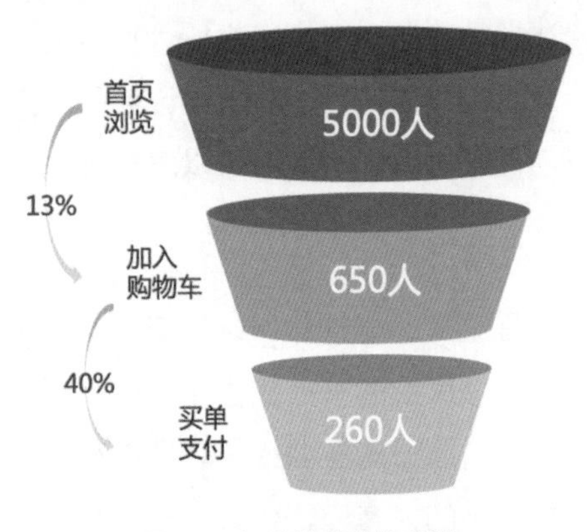


图 5-6　加购链路优化案例

作为一个合格的数据分析师，除看到表象外，更重要的是看到本质。比如，此时就应该仔细分析，在从首页浏览到加入购物车的链路里，是不是存在什么加购的阻碍，导致这一层的转化率比较低？加入购物车之后，是否缺乏足够的提醒或刺激，让用户完成最终支付的转化？用户是否加购是一个受比较多因素影响的行为，可能是商品吸引力不足，也可能是产品细节上没有给用户最顺畅的加购体验。数据分析师可以通过分析商品品类的加购表现差异给商品运营人员选品提供建议，也可以进一步细化分析从首页浏览商品到加购，是否不同屏数、不同类型的用户（比如新客/老客）会有加购表现的差异。而用户加购之后是否会支付买单，数据分析师可以进一步分析一些支付影响变量（比如优惠券、买单金额等）对买单与否的影响，从而提出运营策略和产品设计上的优化建议方向。

从分析结论中找到业务优化建议，是一个逻辑推导的过程。往往我们有了一个结论后，就可以顺着思路去想，怎样可以进行优化。但到业务优化策略阶段，数据分析师需要给出更为精确、具体的可执行策略。比如，同样是刚才谈到的从首页浏览到加购的链路，我们可能通过数据分析发现折扣比例越大的商品，用户加购的转化率更高，我们可以推导出“把折扣比例大的商品做曝光升权”的业务优化建议。但如果到业务优化策略阶段，这个优化建议就要进一步地进行具体描述。比如，难道所有折扣比例大的商品我们都要优先曝光吗？是否有一个商品品类的优先级顺序，比如按“生活小用品类（决策成本低）>服饰类（决策成本中等）>家电类（决策成本高）”等商品品类的优先顺序，对商品的折扣力度进行降权判断；但是仅按规则降权曝光其实并不是最合适的，可能还需要结合用户的具体画像（比如年龄段、性别对商品的偏好）和购买行为（比如最近买过烤箱的用户可能需要烘焙材料）辅助做商品的推荐排序。

总之，简单做一个数据的结论容易，只要有一定数据处理能力的人员都可以做到。根据数据分析的结论给出业务优化建议也不难，因为根据分析的结论进行逻辑推导就可以得出。总结业务优化策略是最难的，因为往往需要结合在这个业务领域的很多实际经验、专业判断，才能给出具体的落地策略。这是一个循序渐进、不断学习的过程，不能奢求一蹴而就。

## 5.2.2 什么是金字塔原理

了解了什么是好的结论之后，就可以组织我们想要表达的结论了。最经典的组织结论框架著作莫过于芭芭拉·明托的《金字塔原理》一书了。这本书中介绍了金字塔思维，很精炼地讲解了结论应当如何被结构化地组织起来，十分经典，推荐读者阅读。

简单地概括金字塔思维的核心，其实是结论先行、向下拆分。有点类似我们小时候写作文时用的“总分结构”。但说着容易做着难，我们理所当然地认为“总分”是正确的思维方式，但其实到工作中操作起来，拆分本身没有那么容易，需要一些经验和思维的训练。另外，如何让拆分出来的细分项之间不重不漏，也是考验拆分者本身的全局观和对业务的深入了解程度。如图5-7所示为金字塔思维的结构图解。

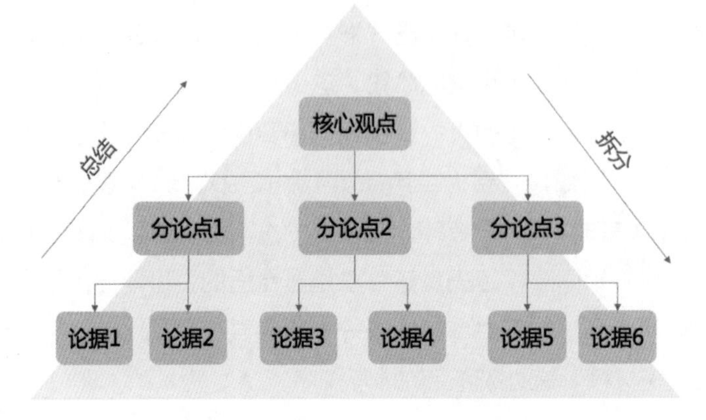


图 5-7　金字塔思维的结构图解

从图5-7中可以看出，金字塔思维以核心观点为塔顶，然后向下不断拆分出各层级的论点和论据，整个形状形如金字塔，所以叫作金字塔思维。

金字塔思维的具体逻辑是先有一个我们想论证的“核心观点”，接下来用几个不会互相重复的、属于不同维度的论点进行论述，并且每个论点都用几个论据进行佐证。这样，核心观点就有了坚实的论据和论点的支撑，不是一个空中楼阁。

### 5.2.3　如何运用金字塔原理

举一个具体的例子。我们如果想论证A是一个好老板，要怎样运用金字塔思维去论证呢？可以思考一下，评价一个老板的维度有哪些方面。首先，作为上级，好老板在与下级关系的处理方面是游刃有余的；其次，老板作为业务的领导者，应当高瞻远瞩，能带领团队打胜仗；最后，好老板作为一个个人，思想应该端正、品德应该优秀，值得身边的人学习。所以，当我们想论证A是好老板时，可以用图5-8所示的金字塔思维进行论证。

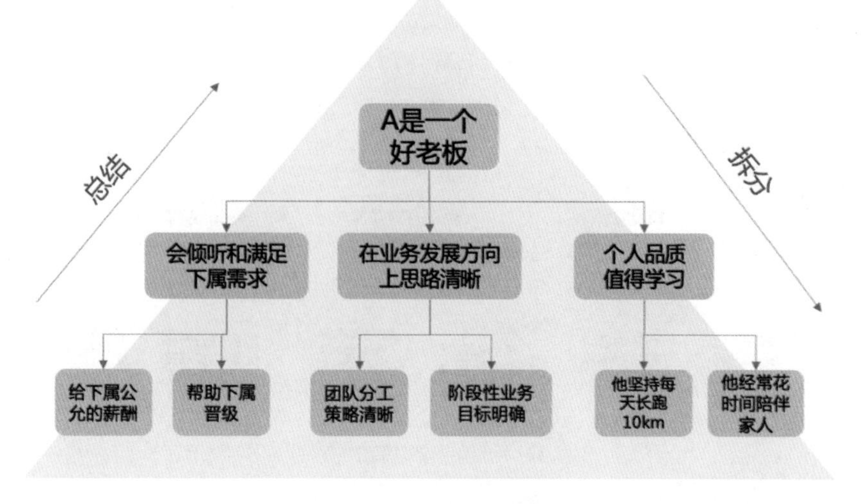


图 5-8　运用金字塔思维的案例 1

了解金字塔思维后，我们通过数据分析得出了许多结论，然后就可以按照这个框架进行整理，看看目前得到的数据结论是不是足以支撑我们的观点；如果不够，那么还能从哪些维度补足论证，让这个观点更加的明确。

案例：以电商业务里比较火热的内容导购领域拆解为例，进一步深入理解金字塔原理。

电商平台的竞争越来越激烈，同样的一个商品可能在多个平台都有销售且价格相差不大。这时，电商平台便需要进一步地缩短用户的决策路径，降低决策成本，比如通过内容导购这种"种草"的方式，让用户尽快地做出购买决策。

电商平台的最终目的是促成更多的GMV（Gross Merchandise Volume，商品交易总额），所以我们要讨论内容导购的价值，其实就是要讨论"内容导购是有助于达成GMV目标"的。为了论证这个观点，我们可以将论点拆成3个方面，如图5-9所示。首先，GMV直接来自购买的转化率，所以要论证内容导购有助于提高购买的转化率；其次，GMV来自更多的用户浏览时长，浏览时间越长，用户越可能产生购买行为；最后，GMV来自足够大的用户规模基础，内容导购有助于给平台带来更多的用户量（尤其是新用户，电商领域的获客成本极高）。

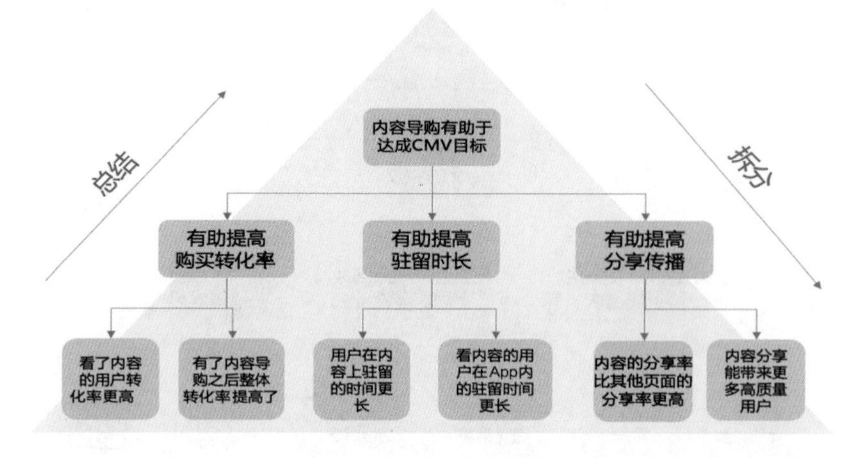


图 5-9　运用金字塔思维的案例 2

有了这3个主要的论点，我们就需要组织相应的论据去支撑论点了。比如第一点“内容导购有助于提高购买转化率”，我们可以通过数据分析去支撑，看是否看了内容的用户的购买转化率比没有看内容的用户的购买转化率高，做横向对比，或者通过时间前后的对比，观察平台在有了内容导购之后整体的购买转化率较之前是否有提升，从而论证该论点。

驻留时长也是类似的。用户在内容本身页面是不是比其他纯刷商品列表等页面驻留时长更长？有内容消费习惯的用户，他们在App内的驻留时长是否也较没有内容消费习惯的用户在App内的驻留时长更长？数据分析师可以通过对比分析的方法得到数据，从而支撑该观点。

最后是分享传播。内容本身是有话题性的、可分享的，当一个爆品内容出现的时候，往往可以起到四两拨千斤的作用。所以，内容的分享率是否比别的页面（比如商品详情页）的分享率更高？内容分享到社群之后，是否也比普通的商品详情页等能更好地带来内容的二次消费、平台的流量增加？通过对内容分享链接的埋点和分析，数据分析师很容易就能得出结论，从而支撑该观点。

总结，金字塔原理的应用是一个从上至下拆解，又从下至上总结的过程。数据分析师通过找到相应的数据分析支撑，用数说话、逐层支持观点，从而让整体达到一个稳固的金字塔结论组织。有了这样的结论组织，才会有后续更多的业务策略落地依据。

## 5.3　多数分析结论都需要靠 AB 测试来验证

得出结论之后，我们如何验证结论的合理性呢？“合理”是一个相对的概念，需要通过对比才能得出，而AB测试就是最常用的一种验证结论合理性的方法。使用它的好处在于，通过控制其他变量，让我们得出的结论成为唯一变量，这样便能更好地凸显结论在业务发展过程中发挥了怎样的作用。

### 5.3.1　AB 测试的应用场景

在用户增长领域，AB测试是一个绕不开的话题，基本上所有的策略、方案最终都是通过AB测试来进行决策的。可以说，AB测试是用户增长的一个放大镜，可以将一些有效的策略快速合理放大。很多公司都是通过不断地进行AB测试，最终找到最合理的一些策略的。下面重点阐述AB测试的关键点。

AB测试往往有以下应用场景。

- UI选取：新增用户进入的时候建议将核心功能的按钮换成绿色。一般实验组和对照组都是50%流量。
- 运营活动：建议对过去30天支付宝未活跃、短期画像是理财的老用户推送理财优惠券，一般实验组95%流量，对照组5%流量。
- 功能或算法添加：建议发布新版本增加短视频功能、推荐场景时增加新算法，一般实验组5%流量，对照组95%流量。

AB测试标准流程如图5-10所示。

图 5-10　AB 测试标准流程

## 5.3.2　AB 测试四步法

### 1. 设定目标

在这一步，我们的主要目的是通过设计实验中的实验组和对照组的变量，以及设定每个变量后续需要观察的数据指标，来设置整个实验的框架。如表5-1所示，在一个“验证多项功能优化点对用户活跃度和留存提升的效果”的组合AB测试里，针对不同的优化类型，可能会有如下实验设计。

表 5-1　AB 测试实验框架

| 类型 | 建议 | 实验组 | 对照组 | 观察指标 |
|---|---|---|---|---|
| 设计 | 新增用户进入时建议核心功能旁边增加“点击”两个字 | 点击 | 空白 | 点击率、留存率 |
| 运营 | 建议对过去30天支付宝未活跃用户进行画像推送 | 推送 | 不推送 | 流失率、触达率、点击率、ROI |
| 产品 | 建议在新版本中增加短视频功能 | 有短视频功能 | 无短视频功能 | 渗透率、留存率、时长 |

## 2. 流量分配

流量分配包括实验组、对照组样本量的数量、分配质量。

（1）样本量案例：某客户端当前大盘次日留存率为45%，最近准备上线一个直播功能，预估至少提升0.2%留存率，最少需要多少样本量?

理论上：样本量越多越好，样本量很少容易造成实验结果的不稳定。

工作中：样本量越少越好，流量往往都是很有限的，最重要的是实验成本不能太高。

这里可以通过成熟的行业工具计算样本量。比如在这个案例里，我们通过工具计算得出，实验组最少需要样本量98万个。

AB测试工具：可以在搜索引擎中用“ABtest tool”或“AB测试 工具”等关键词进行搜索，很容易搜索到相关的工具。下面用其中一款工具进行演示，如图5-11所示。

*Question:* How many subjects are needed for an A/B test?

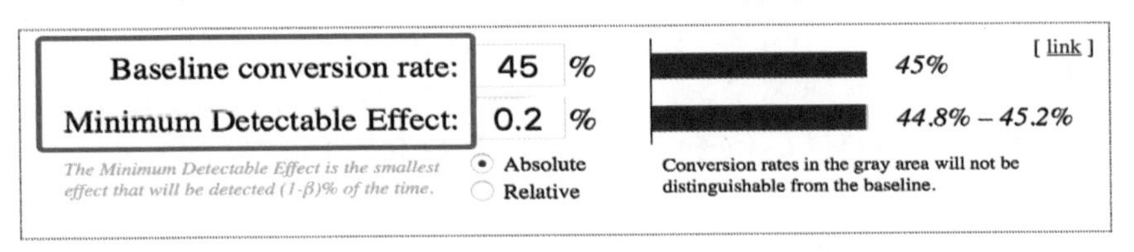


*Sample size:*

971,414 实验组最少样本量

per variation

Statistical power 1–β: 80% *Percent of the time the minimum effect size will be detected, assuming it exists*

Significance level α: 5% *Percent of the time a difference will be detected, assuming one does NOT exist*

*See also:* *How Not To Run an A/B Test*

图 5-11 利用工具计算样本量

（2）分配质量案例：某客户端当前大盘次日留存率为45%，最近准备上线一个直播功能，预估至少提升0.2%留存率，最终获得了一周的数据，发现实验组的留存率与对照组的留存率一直差不多或提升太多，怀疑实验组和对照组本身就有差异。

因此，做留存率测试之前应该做一个分配质量AB测试。

实验组：10万个用户。

对照1组：10万个用户。

对照2组：10万个用户。

通过对比对照1组和对照2组的留存率指标查看流量分配是否有问题。

### 3. 数据分析

数据分析包括计算实验天数和评估效果显著性。

（1）实验天数案例：某客户端当前大盘次日留存率为45%，最近准备上线一个直播功能，预估至少提升0.2%留存率，每天只有10万个用户可以做测试，实验需要多久呢?

最少样本量：98万个，每天10万个，至少要98/10=10天。

用户新鲜效应：3天。

用户行为周期：周末与平时的产品差异很大，需要覆盖一个周末。

因此，总共实验天数为10+3=13天，也就是测试两周。如图5-12所示为上线两周后的留存率数据对比。

（2）效果显著性案例：某客户端每天有5万个用户进入，最近2级功能UI整改，目的是提升点击率，用户在第一次进入的时候被随机分配到A组或B组，后续持续为该组用户。

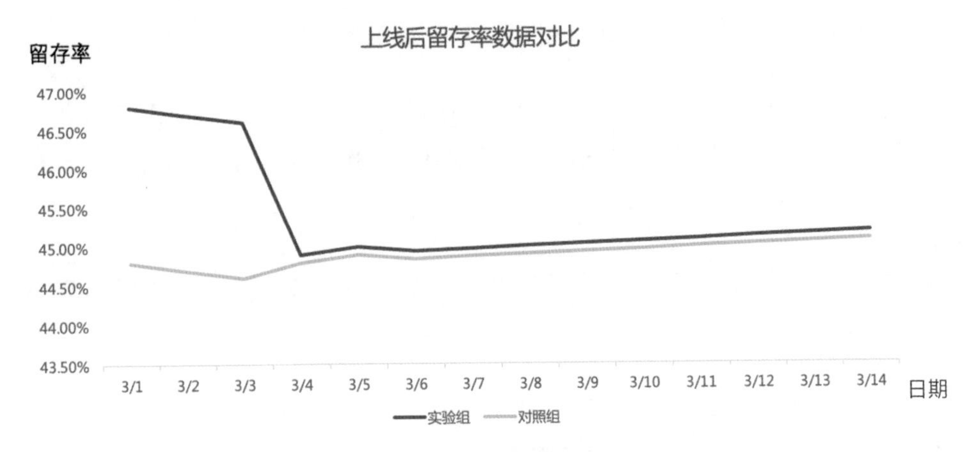


图 5-12　上线两周后留存率对比

统计结果：实验组点击率为2%，对照组点击率为1.8%。

现在业务方无法判断点击率提升是否明显。如图5-13所示，在目前统计结果数据下计算出来的$Z$值为1.637。查看$Z$检验表，一般是取95%置信区间，对应的$Z$值是1.645，这里1.637<1.645，因此提升不明显。

```
[6]: import math
     import random
     import numpy as np
     import matplotlib as plt

     a=25000
     b=25000
     a_clk_rate=0.02
     b_clk_rate=0.018

     se_a=a_clk_rate*(1-a_clk_rate)/a
     se_b=b_clk_rate*(1-b_clk_rate)/b

     z=(a_clk_rate-b_clk_rate)/math.sqrt(se_a+se_b)
     print(z)

     1.6378923273182446
```

图 5-13　计算 $Z$ 值

#### 4. 得出结论

即使实验效果不好也要及时同步数据，并及时排查原因。

案例：对于过去30天有薅羊毛特征的未活跃用户，实验组通过短信发送优惠券，最后和对照组相比，数据没有任何提升，排查后发现用户短信点击率非常低，后来改为App弹窗，效果明显提升。

即使实验组功能指标好于对照组功能指标，也要评估两组的收入成本指标。

案例：针对某汽车页面，实验组增加一个“点击”按钮，对照组没有增加该按钮，实验组点击率显著优于对照组点击率，但在最终交易额上，对照组更高，因此选择对照组方。

实验组和对照组可以按照用户基础属性做拆分，能够看得更加全面。

### 5.3.3 AB 测试的常见误区

AB测试简单理解就是一个基于“对比”做的实验。但如果不讲究科学的细节，AB测试的结果可能会错误地引导业务决策。笔者在工作中总结出3个最主要的AB测试常见的误区，并提供相应的案例，供读者参考。

#### 1. 流量设置随意

就如AB测试四步法里第一步讲述的，流量设置是首先需要认真琢磨的事情，如果流量没有选择对，就说明实验的条件并不严谨，很可能得出错误的结果。要谨记的原则是，实验分群的选择应该是均等的、均匀的、随机的。

错误案例：笔者曾经所在的产品设计团队希望对两版不同的视觉方案做AB测试，想了解用户对哪一套视觉风格更加喜欢，从而更多地增加用户在App内的停留时长乃至提升购买转化率等。AB测试做了快一个月，实验的结果还是没能稳定下来，得不到一个靠谱的结论。笔者与做实验的同事聊天才发现了问题所在：这个实验并没有严格地区分实验组、对照组、空白组，而是直接抽取了10%的用户作为实验组去测试新版视觉风格的效果，然后把剩下90%的用户全部作为对照组。可想而知，10%的用户的表现和90%的用户的表现肯定会存在置信度上的差异，在这样的实验条件下会导致我们得不到稳定的实验结果，从而导致AB测试无效。当笔者给他们指出这个问题后，他们对实验进行了修改，抽出10%的用户作为实验组，投放新版的视觉方案，再分别抽出10%的用户作为对照组1和对照组2（方便观察对照组的抽样本身是否有问题、指标是否相对稳定），然后实验2周去观察指标变化。最终，在充分的数据回收和分析下，得出了新版视觉方案有助于App指标提升的结论。

### 2. 实验时间长度不当或时点不当

如上所述，实验周期可以通过样本量的大小进行估算，但如果明显过短于或过长于计算出来的时间周期，那么对实验结果的置信度也会有所影响。实验的周期要按照样本量进行决定，并且要考虑产品、项目本身的一些特殊事件节点效应，避免特殊时点对实验结果造成过大的影响。

错误案例：由于新冠肺炎疫情的影响，各类在线服务得到了一波快速发展的机会。笔者的一位朋友从事在线教育行业，赶上了这波红利。这位朋友具体所在的是幼儿英语的垂直领域，为学前儿童提供在线的英文一对一学习产品。为了更好地提升他们的产品渠道转化，他作为增长部门负责人在当年8—9月时，在多个不同渠道进行了产品的广告投放（如教育类网站、教育类博主、线下海报、幼儿园线下试听等），以期了解哪个渠道的转化率更高。最后得到的实验结果是，线下海报的转化率最高。这个实验结果跟此前他们BD部门实际工作中得到的感性经验不符，遭到了强烈的质疑。仔细一问，他的实验投放时间设计并不严谨。一方面，这几个渠道的投放时长存在较大差异，比如在教育类博主的公众号文章坑位投放广告只有两天，但投放线下海报则长达两个月，实验时长不一。另一方面，这几个渠道有的是在8月进行投放的，有的是在9月进行投放的，分别处在暑假和开学季的不同时点，对实验结果也会有很大的影响。所以，在笔者的建议下，他对实验进行了整体时长和时点的调整，重新进行更可信的实验并回收数据。

### 3. 对指标结果的变化衡量不全面

有一个比较难注意到的误区是，我们在做AB测试的时候往往只盯着重点关注的核心正向指标，比如点击率、转化率等，忽略了一些负向指标，缺少对负向指标的关注，从而导致我们可能采用了一个对A指标有帮助但对B指标有妨碍的方案。

错误案例：存量流量池在不断缩小，互联网存量的用户时长遇到瓶颈，所以很多品牌都开始做自己的私域流量运营，深度运营自己的品牌忠实用户。最常见的方法是，在触达到新老用户时，通过企业微信或客服个人微信去添加用户微信，拉到自己的品牌群中，在群内进行日常的运营、推品等，这种方式的转化率往往颇高。有一个社区面包品牌，通过许多线下触达的渠道，添加了附近很多用户的微信，并拉群进行运营。有一段时间，他们希望通过AB测试的方式验证每日推品到群对产品购买转化率的有效性。他们选了10个群作为实验组，每日推送他们的面包产品文章，另外10个群作为对照组，每天不刻意推品到群，然后对比分析两个组的用户的面包购买情况。从数据上看，推品到群的用户每日面包购买转化率为5%，而对照组的用户每日面包购买转化率则为2%，看上去似乎验证了每日推品到群的有效性，但他们没有关注到的是，每日推文的方式让实验组的平均群人数从253人下降到185人，而对照组的群人数波动不大，从247人下降到238人。群用户是运营的基础，如果每日推品到群的方式很大地影响了群用户的基数，那并不能认为每日推品到群是一个很好的营销方式，应当考虑减少推文的频率，或者穿插更多软性的策略，比如新品免费试吃、面包知识分享等软性营销方式。

# 第6章
# Chapter 6

## 数据分析的展现方式

数据分析的过程、结论如何清晰地展现给读者，是一门值得仔细研究的学问——它不仅包含数据分析的能力，还包含信息过滤、处理、重构的能力。数据展示做得好，能让你的数据分析思路和结论更好地呈现给读者，让信息表达更加通畅。

## 6.1 图表是数据分析结论的最直观展现方式

经过前面章节的学习，我们已经知道怎样一步步地从思维到工具去分析数据、解决问题了。如果只用文字表达你的结论和观点，往往说服力有限；人们往往更期待看到实打实的数据作为证据佐证观点，而数据图表就是在展示数据时最有力的利器。

数据图表的形式多种多样，但并不是使用炫酷的图表就能表达你的观点。就跟武功修炼一样，最厉害招式往往是最简单的，读者应当修炼的“内功”是怎样用最常见、易懂的图表表达完整和有力的观点。如果读者看过《经济学人》杂志里的文章附的图表，如图6-1所示，大概就能理解为什么要用最简单的图表说明想论证的观点了。

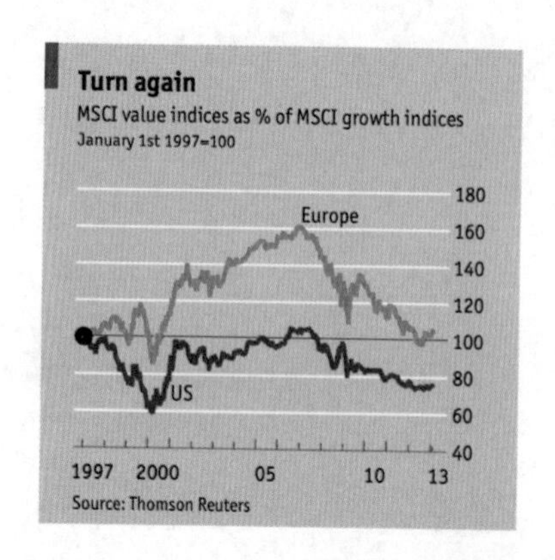


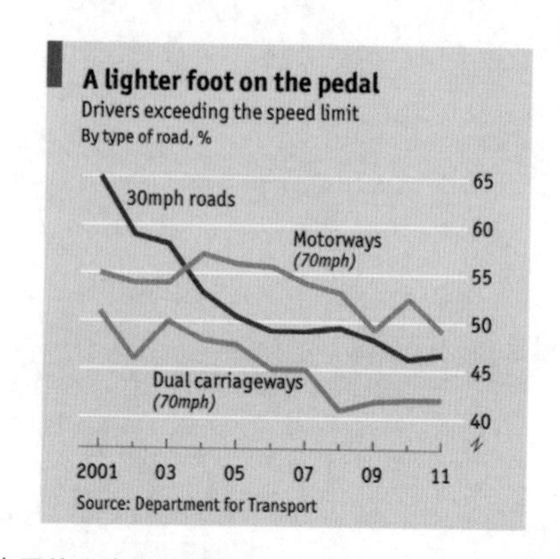


图 6-1 《经济学人》杂志里的文章附的图表

除选择合适的图表和数据外，在图表本身的设计细节上也有很多讲究。总的来说，还是一个“如何表达信息”的问题，通过图表设计上的引导，让读者能够更快速和清晰地理解你的意思，顺着你的思路走，这样就是一张成功的图表了。

接下来讲解制作优秀图表的步骤。第一，选择合适的图表；第二，优化图表展现。完成这两个步骤，并且多加练习，相信你也能做出《经济学人》杂志中那样的图表。

## 6.1.1 “图表三千，只取一瓢”

图表的类型估计有千百种。除常用的折线图、柱状图等外，还有很多小众图表，如旭日图、箱型图、气泡图等。有时候，出于想要表现得“看起来很厉害”的目的，的确会有人选择一些比较小众、看起来让人“不明就里”的图表来展示数据。但使用图表的目的是传递信息，如果看图表的人不能顺畅地理解信息，那么这个图表不但不会“看起来很厉害”，还会让人感到困惑。

所以笔者十分建议，在实际工作中，无论是出于分析报告的目的，还是汇报陈述的目的，尽量都选择最常见的图表类型，这样确保不会花太多额外的思考在图表表现形式上，而是能够更多地关注图表是怎样表达你的逻辑的。

具体地说，我们应该选择什么样的图表呢？首先，要明确的是我们希望用图表表达什么类型的逻辑。每个逻辑类型都有比较适合使用的图表和不太适合使用的图表，下面就来依次分析。

## 6.1.2 根据论证逻辑，选择合适的图表

### 1. 第一类常见逻辑是“对比”

“对比”这种需求在业务中很常见，主要目的是通过对比来突出其中一方的

某种特征。比如，对比不同年龄段的用户对某个功能的偏好、对比去年春节期间和今年春节期间DAU的走势情况、对比不同渠道来的用户后续的留存情况差异等。

在“对比”这种情境里，建议读者优先考虑柱状图、条形图。这里笔者的主要考虑是，人的眼睛直接对比图形之间的大小、长短其实比较难，最好的方式是把对比项都放在同一个标准下进行横向对比，这样读者更容易理解。

举一个实际的例子，我们想要对比看看H产品在同品类竞品里的ECPM是什么水平。原始数据如图6-2所示的左图，选择用Excel中的柱状图进行图表生成，直接生成的图表是图6-2所示的右图。当然，读者一般不会直接用Excel生成图表，但如果要进行调整，也得先来看看图表有哪些具体问题，再针对性地进行优化。

- ECPM的对比没有按一定的逻辑顺序，要了解H产品所处行业的位置相对困难。
- 没有一些具体的数据标识，ECPM是一个对数据精度要求很高的指标，需要展示出一定数据给读者参考。

• 原始数据：

| 产品 | ECPM |
|---|---|
| A产品 | 20.09 |
| B产品 | 25.59 |
| C产品 | 55.93 |
| D产品 | 58.05 |
| E产品 | 14.81 |
| F产品 | 11.85 |
| G产品 | 7.39 |
| H产品 | 36.69 |
| I产品 | 13.72 |
| J产品 | 5.5 |

• 用Excel直接生成的柱状图

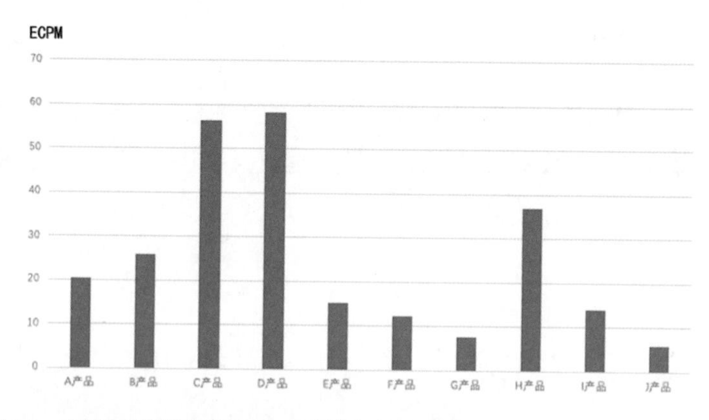


图 6-2 案例的原始数据及用 Excel 直接生成的柱状图

经过如上分析，且再次把握“H产品在同品类竞品里的ECPM是什么水平”的原始需求，修改后的图表如图6-3所示。主要修改的逻辑如下：

- 把数据进行降序排序，更方便看清楚H产品在行业中的排名情况；
- 添加行业平均值参考线，方便查看H产品在行业平均线的什么位置；
- 修改H产品柱状的颜色为橙色，更突出我们关注的产品；
- 将图表主标题修改为我们希望引导读者认可的主要结论，将副标题修改为图表的名称；
- 修改其他细节，比如增加纵坐标边线、去除表格横线等，让图表整体看起来更加清晰美观。

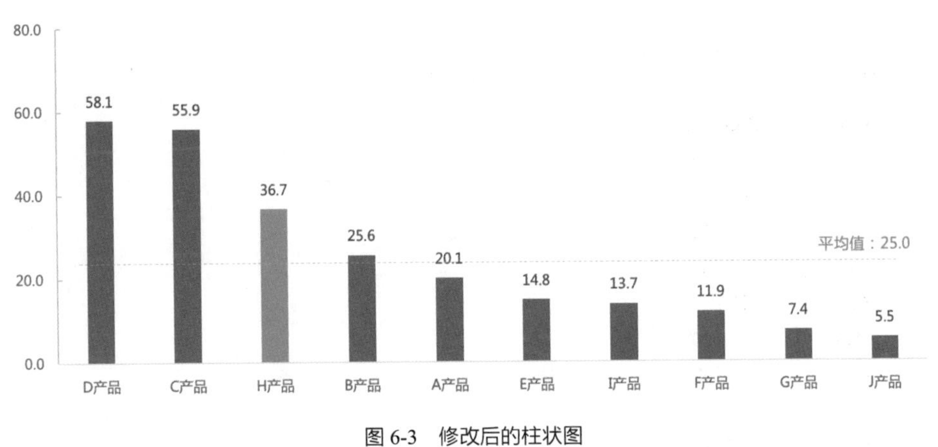


图 6-3 修改后的柱状图

### 2. 第二类常见逻辑是“趋势”

为了了解业务和产品现在所处的阶段和整体发展态势，我们往往需要用图表展现数据变化的趋势，了解整体数据是上行的还是下行的，或者是否存在一些周期性波动的惯性。比如，通过观察产品投入预算每个月的趋势情况，发现每年投放高峰季的周期规律；观察用户一天内接收推送通知的点击率，找到更好触达用户的时间段等。

在趋势这种逻辑里，最常见的和合适的图表类型莫过于折线图了。折线图可以很好地反映在一定时间范围内我们关注的数值指标的走势情况，了解其上升或下降的情况，方便对现状及未来发展趋势做一个比较好的判断。

举一个实际的例子：我们想要看看近十周产品Y功能的用户量走势情况，以了解Y功能目前运营得如何。原始数据如图6-4左图所示，用Excel直接导出图表后如图6-4右图所示。这个默认图表的问题如下：

- 整体能看出来上升和下降的趋势，但是上升和下降的具体幅度等情况并不清晰；
- 上升和下降的趋势可以看出来，但图表缺乏视觉重点，不知道应该关注哪个阶段。

- 原始数据：

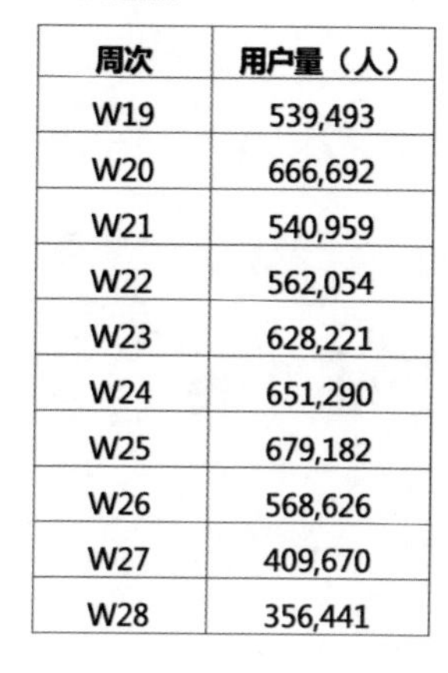

| 周次 | 用户量（人） |
| --- | --- |
| W19 | 539,493 |
| W20 | 666,692 |
| W21 | 540,959 |
| W22 | 562,054 |
| W23 | 628,221 |
| W24 | 651,290 |
| W25 | 679,182 |
| W26 | 568,626 |
| W27 | 409,670 |
| W28 | 356,441 |

- 用Excel直接生成的折线图

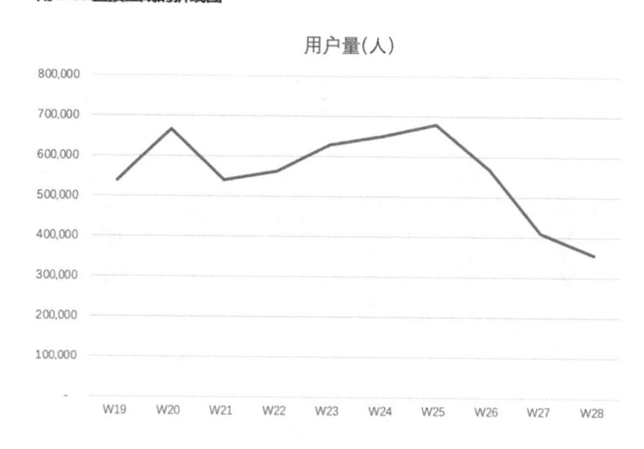


图 6-4 产品 Y 功能的用户量原始数据和折线图

既然我们的目标是“了解Y功能目前运营得如何”，那么最好突出一些与目前运营手段有关的有价值的信息。为了达到这个目标，笔者对图表进行了以下修改：

- 添加折线的标识点，方便读者更好地区分每周的数据点；
- 在标识点添加具体数据标签，同时根据笔者想要突出的观点，对不必要的数据标签进行删除；
- 在折线图中对上升和下降的主要阶段进行标识和原因解释，方便读者了解数据变化的原因；
- 主标题写观点，副标题写图表核心内容；
- 修改其他细节，如增加纵坐标边线、去除图表中的横线，让图表整体看起来更加清晰。

修改后的图表如6-5所示。

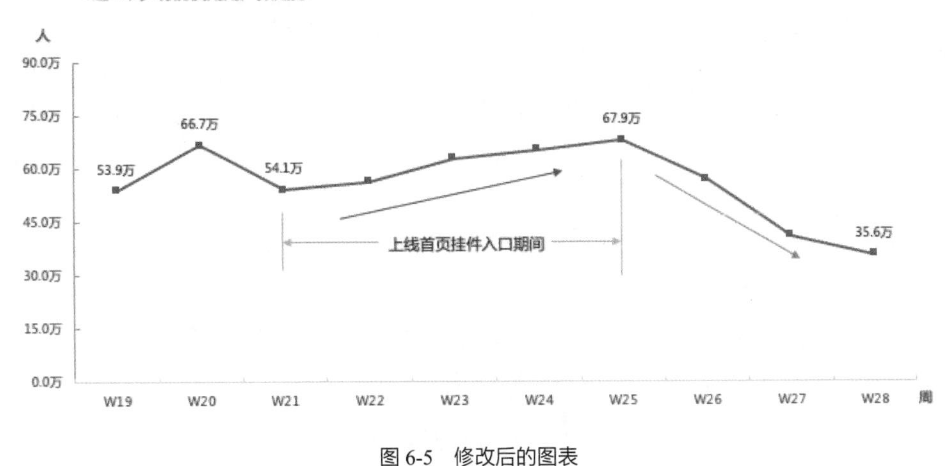


图 6-5　修改后的图表

### 3．第三类常见逻辑是“分布”

使用“分布”的场景，通常是一个总量为100%的事物，我们需要看到其分布在不同选项的比例分别是多少，往往也会牵涉“对比”的需求，从而判断不同选项之间孰多孰少。比如，我们希望知道一年的总投放预算在不同渠道上花的比例分别是多少，或者我们想了解该产品用户的手机品牌、地域、年龄等属性的分布是怎样的。

在“分布”这种逻辑类型的图表里，一般直接使用饼图。的确，一个圆对半分，很明显可以看出各占50%。但是要把这个圆多切几刀，我们就很难去分辨每一块孰大孰小了。所以，并不建议读者在选项大于2的情况下选择用饼图去表现“分布”，笔者更推荐用柱状图、条形图等方式，更为直观和便捷。

举一个例子：我们想看看产品的用户群在手机品牌上的分布是怎样的。原始数据如图6-6左图所示，有了主流手机品牌的用户分布数据，用Excel可以自动生成图表，一个生成饼图，另一个生成堆积图，如图6-6右图所示。同样，我们来看看这两个图表的问题：

- 在饼图/堆积图里，vivo的面积和oppo的面积看起来差不多，难以区分谁多谁少；
- 长尾的手机品牌份额太少，面积十分小，基本都看不清楚；
- 手机品牌数量比较多，用色块进行区分会导致读者眼花缭乱，很难把图例和图表一一对应起来。

• **原始数据**：

| 品牌 | 比例 |
|---|---|
| vivo | 39.8% |
| oppo | 38.2% |
| huawei | 9.7% |
| honor | 5.3% |
| samsung | 2.4% |
| gionee | 1.4% |
| xiaomi | 1.3% |
| meizu | 0.7% |
| 其他 | 1.3% |

• **用Excel直接生成的饼图/堆积图**

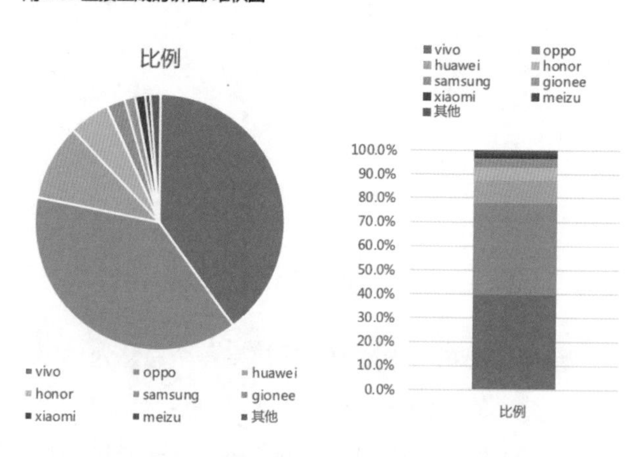


图 6-6　产品的用户群在手机品牌上的分布的原始数据及图表

针对这些问题，笔者选择用条形图来展示手机品牌分布的数据。用户要想清楚，虽然用户手机分布的比例加起来等于100%，但这个100%的概念并非一定要用图像化的方式表现出来，使用者更关注的是“分布情况”，而不是“加起来是100%”。想通了这一点，我们用条形图来表示这个数据其实就更合理了，如图6-7所示。

- 把数据用条形图的方式生成图表，并添加数据标签，方便使用者对比数值相近的项目。
- 增加横坐标的数据标识，让图表整体看起来更加清晰可读。
- 添加主标题和副标题，突出图表观点。

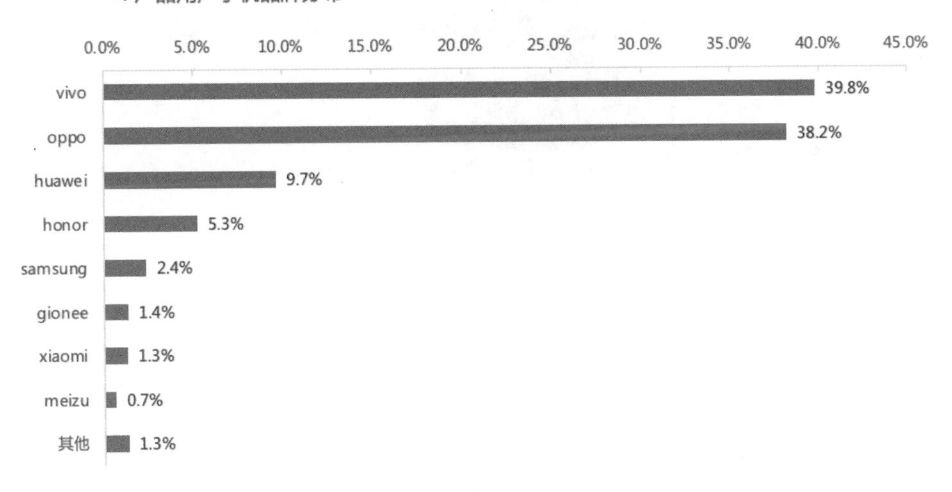


图 6-7　用条形图展示手机品牌分布的数据

## 6.1.3　锦上添花的其他图表类型

掌握好基本的柱状图、条形图、折线图之后，还有一些常见的图表类型可以作为储备。图表本身只是一个工具，没有对错之分；只要能够最低损耗地传达想表达的数据信息，就是好图表。凭借多年互联网数据运营的经验，笔者认为以下几个应用场景经常会遇到，给读者推荐相应的图表。

### 1. 折损场景

常用于流程折损的表示或范围收窄。比如，一个用户从首页进入App，到选购商品、下单、付款的流程，每个环节都是一个漏斗折损的过程。又或者我们想看App的用户群里有多少是“短信渠道可以触达的用户”，这其中就有“大盘用户”→“有手机号信息用户”→“仍在网用户”这几层漏斗，如图6-8所示。

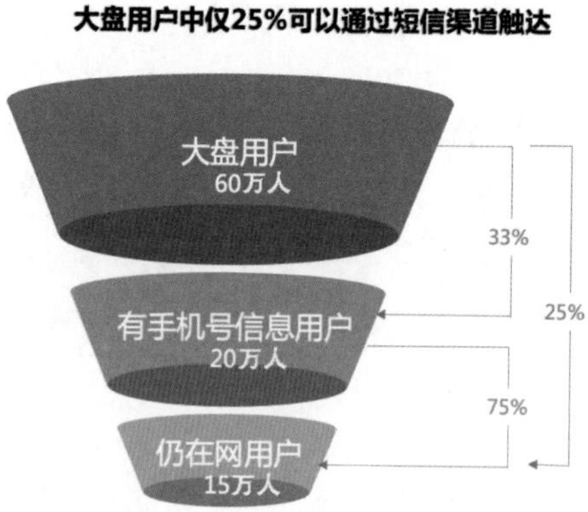

图6-8 折损场景

### 2. 贡献度场景

这个场景常存在于我们需要表示*N*%的A贡献了*M*%的B。这个场景最耳熟能详的莫过于“二八法则”，即20%的用户贡献了80%的收入，用以表示头部用户的重要性。在表示这类场景时，我们使用百分比堆积柱状图是比较合适的。在图6-9中能很清晰地看出，在Q产品里，20%的用户贡献了40%的收入这个观点。使用这个图表的时候，读者要记得添加上Excel中的“线条”→“系列线”，这样在视觉引导上会更加清楚。

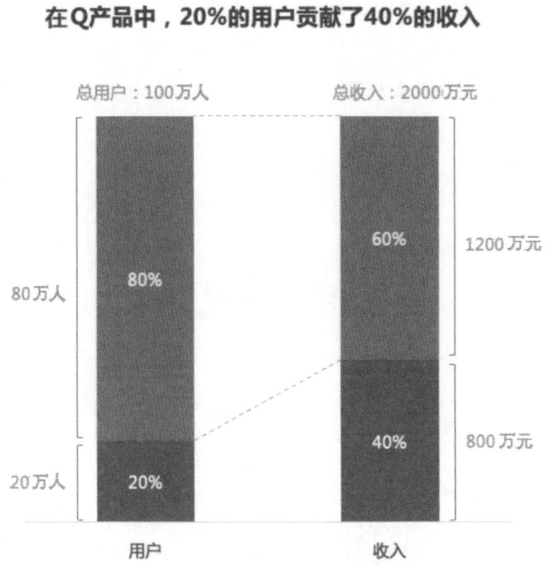

在Q产品中，20%的用户贡献了40%的收入

总用户：100万人
总收入：2000万元
80万人
80%
60%
1200万元
20万人
20%
40%
800万元
用户
收入

图 6-9　贡献度场景

## 6.1.4　图表需要优化：图表优化的三大原则

用数据图表讲好故事，使用合适的图表展现形式只是第一步，接下来还需要把图表上的细节做好，才能把信息更好地传达给读者。在上述例子中，其实也展示了一些笔者在图表细节优化上的原则和心得，总结下来，笔者认为有三大原则是读者可以在图表优化过程中不断提醒自己、不断精进的。

第一个原则，去除无用干扰。图表设计的元素有点、线、面的多种组合，并不是每个设计元素都有助于信息的理解。有些元素过多展示，反而会干扰使用者获取真正核心的信息。所以笔者的第一个原则是，去除图表上无用的干扰项，针对每个元素都问自己一次：这个元素真的是非留不可吗？这个元素能真正帮助使用者更好地理解信息吗？

案例：如图6-10所示，分析2019年A产品在用户量及收入上的走势是怎样的。这个图表中存在的无用干扰项如下：

- 数字太长，在需要全部展示数据明细的情况下导致阅读体验不佳；
- 两个系列数据量级差异比较大，导致使用者看不出来量级的数据波动趋势；
- 纵坐标单位较小，导致辅助线较多。

· 原始数据：

| 用户量（人） | 收入（元） |
| --- | --- |
| 660,958 | 8,503,438 |
| 359,796 | 8,364,075 |
| 360,381 | 8,437,390 |
| 340,977 | 8,851,469 |
| 327,210 | 9,135,431 |
| 596,873 | 11,173,088 |
| 522,812 | 11,387,776 |
| 474,804 | 4,151,687 |
| 459,668 | 4,356,809 |
| 445,350 | 4,048,496 |
| 395,859 | 3,967,784 |
| 426,380 | 3,662,922 |

· 原始折线图

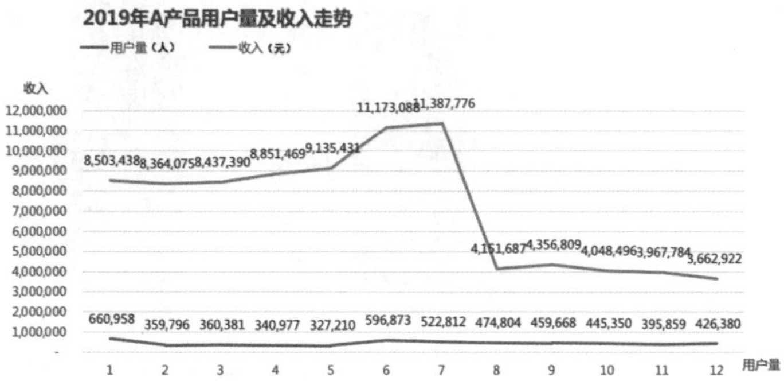

2019年A产品用户量及收入走势

图 6-10　2019 年 A 产品用户量及收入原始数据和走势

于是，笔者考虑做如下优化，修改后的图表如图6-11所示。

- 两个系列数据分别用两个纵坐标，使用户量的数据波动趋势能更好地展现出来；
- 减小纵坐标单位距离，去除辅助线；
- 具体数字进行了“万”化处理（具体处理方法：右击原数据中的数字，在弹出的快捷菜单中选择“设置单元格格式”→“数字”→“自定义”选项，在弹出的对话框中输入“0!.0，万”，单击“确认”按钮即可）。

通过这样的处理，图表看起来就更清楚明白了。

第二个原则，避免欺骗性。有一种具有欺骗性的图表，其纵坐标不以0为起点，导致数据之间的差异看起来很大，但事实上数据之间的差异并没有那么大，造成使用者对数据真实情况的把握失衡。所以，建议纵坐标尽量都以0为起点，除非这个数值的微小差别的确需要重点体现，那么可以对纵坐标做一定的调整。

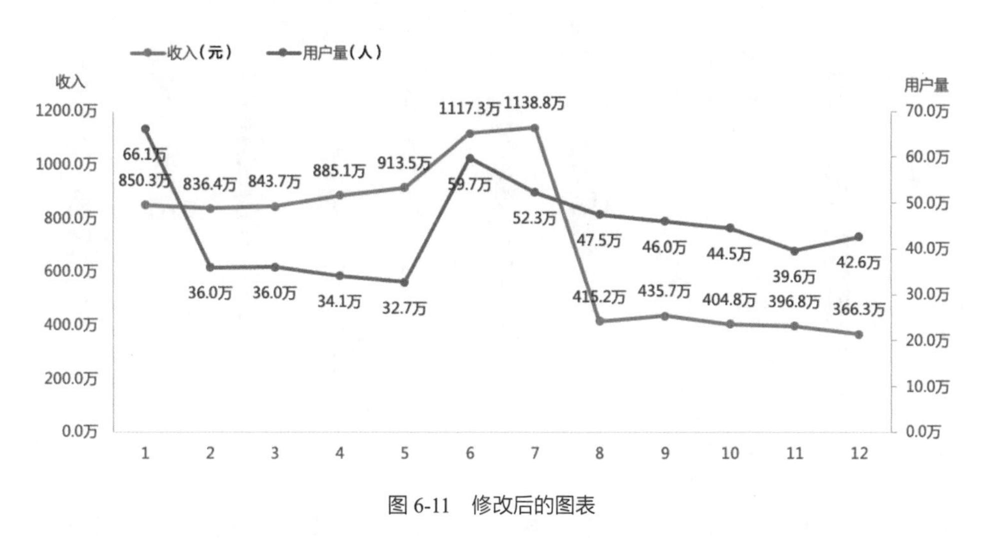


图 6-11　修改后的图表

案例：如图6-12所示，我们希望对比几个同类产品的某个性能系数，从而判断产品的性能优劣。由于系数的小数位数比较多，因此Excel会自动把纵坐标的起点进行调整，但这样会导致柱形之间的差异看起来过大，影响判断。

- 原始数据：

| 产品 | 性能系数 |
|---|---|
| A产品 | 5.03 |
| B产品 | 5.58 |
| C产品 | 5.27 |
| D产品 | 5.96 |
| E产品 | 5.62 |
| F产品 | 5.40 |
| G产品 | 5.32 |
| H产品 | 5.66 |
| I产品 | 5.62 |
| J产品 | 5.25 |

- 原始柱状图

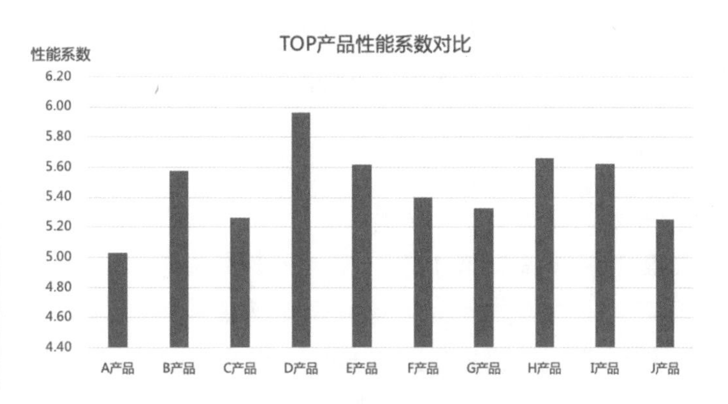


图 6-12　产品性能系数原始数据及图表

将图表的纵坐标改为以0为起点，调整后的图表如图6-13所示。

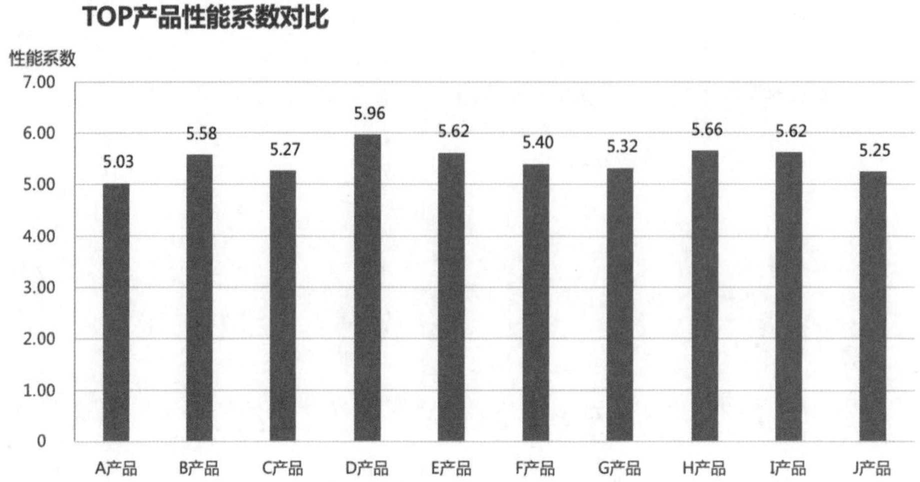

图 6-13　TOP 产品性能系数对比

第三个原则，突出论述重点。当有一个明确的观点想要论证时，建议通过尽可能突出论述重点的方式去引导使用者关注。突出重点的方式笔者总结出最常用的几种：加粗、用特殊颜色、加下画线、改字号、用特殊形状等。当然，如果重点太多，其实就相当于没有重点，所以建议在一个图里最多使用两种突出重点的方式即可。

在图6-14这个例子中，如果我们的目的是横向对比各个功能的用户评分，然后去看用户评价最好和最差的两个功能，那么可以通过突出最高评分的A功能的柱子颜色，以及突出最低评分的H功能的柱子颜色，来达到突出重点的目的。突出重点后的图表如图6-15所示。

总之，数据分析的结论需要一个媒介去传递给我们想要影响的人，而图表就是这个媒介的最好选择之一。图表不是看起来越复杂越好，最有力的图表往往是最简洁、最常见的类型，因为这类图表能减少使用者在读图表时的额外成本。根据你想要表达的逻辑类型，选择合适的图表类型之后，图表本身一些表达上的细节（如颜色、文字粗细、辅助线等）都能为你的结论锦上添花。读者在日常工作中要不断实践、领悟，找到最适合自己的图表表达方式。

• 原始数据：

| 产品 | 评分 |
| --- | --- |
| A功能 | 101.1 |
| B功能 | 90.5 |
| C功能 | 62.2 |
| D功能 | 66.8 |
| E功能 | 67.4 |
| F功能 | 62.5 |
| G功能 | 58.9 |
| H功能 | 53.8 |
| I功能 | 61.0 |
| J功能 | 65.9 |

• 原始条形图

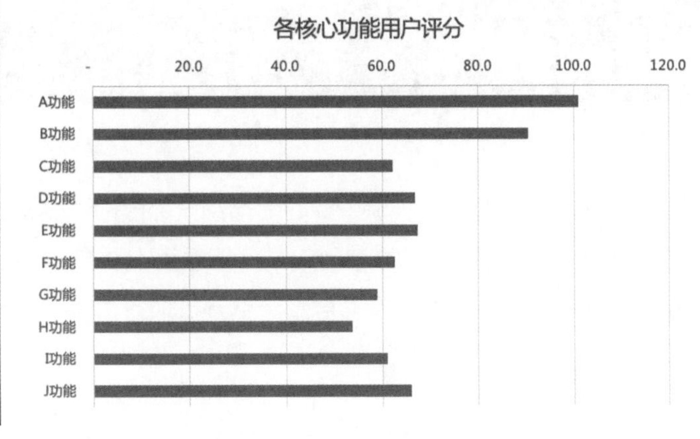


图 6-14　各核心功能用户评分原始数据及图表

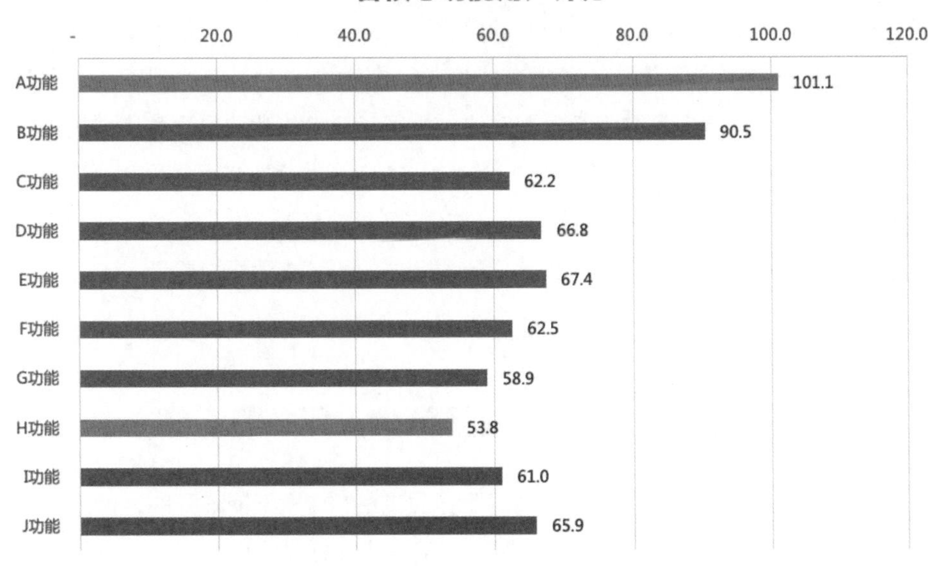


图 6-15　突出重点后的图表

# 6.2 分析报告能把数据分析的结论和思考进一步升华

进行数据运营汇报，最重要的数据支撑部分的数据图表已经准备好了，接下来你可能需要制作一个PPT或一份报告的框架。写分析报告也是一门学问：怎样构思一份分析报告？怎样落笔写好一份分析报告？笔者有一些撰写过程中的建议和心得，下面跟各位读者分享。

## 6.2.1 克服拖延症最好的办法："先把手弄脏"

万事开头难，相信很多读者都有这样的经历：打开一个空白PPT文档，却不知道从何做起，拖着拖着，几个小时就过去了。对于这种情况，笔者深深理解，其实是出于一种对"完美"的莫须有的追求，总觉得自己没有达到一个"准备好"的状态，所以迟迟不敢下笔。面对这种情况，笔者的建议是要敢于"把手弄脏"，破除掉对"一张白纸"需要好好描绘的畏惧，把准备好的数据图表、汇报框架结构等一股脑地放进PPT。在这个阶段，完全不要去调整字体、颜色、排版等，就是先把脑子里想到的灵感、准备好的资料摆上去，再考虑后面的事情。

## 6.2.2 搭好基础框架就完成了至少 80% 的工作

虽然读者是在没有仔细思考的情况下把目前的PPT框架铺陈开的，但是其实它已经跟最后的结构有70%相近了。所以，下一步需要做的就是在这个框架下继续打磨、细化。这其实跟画画的过程类似：首先铺上大面积的底色，然后涂主要的结构色块，最后才是精细刻画画面的细节。制作汇报的材料也是用同样的方法，先把所有现有素材铺陈上去的步骤相当于铺底色，涂结构色块的部分则是把整体的逻辑结构搭建起来。具体来说，要把封面标题（整个汇报的基调）、目录结构及每个章节的标题都认真撰写好。注意，这里最重要的一项是章节的标题。很多人给每页材料起的标题常常是对这一页的总结，比如“2020年总体规划”“运营策略规划”等，但这并不是一个最佳的起标题方式。笔者比较建议用“总结+观点”作为一页的标题。比如刚刚的两个例子就可以将标题修改为“2020年总体规划：承前启后，寻找业务新增长点”“运营策略规划：从进入到下单，全链路精细打磨”。

### 6.2.3　细心打磨，增强专业说服力

有了一个靠谱的、有逻辑的框架后，其实后面的工作只要做到80分，就已经是一个能说服观众的材料了。但是，要做到更为优秀，还需要对其中的细节进行进一步的打磨。对细节的打磨一方面有助于观众对内容的理解，另一方面也是一种职业专业度的表现。具体有哪些细节值得关注呢？笔者根据多年数据运营分析的经验，总结出表6-1所示的检查项，读者可以对照着自己的汇报材料进行核查。

表 6-1　汇报材料检查项

| 目的 | 具体项目 | 是否做到 |
| --- | --- | --- |
| 逻辑性 | 目录是否与后续标题一一对应 | |
| | 标题的数字编号是否按顺序、是否过多 | |
| | 标题内容与当前页内容是否足够契合 | |
| | 如果标题层级过多，是否要在某些章节上方/左侧加上小节导航 | |
| 严谨性 | 是否有结论和落地策略的部分 | |
| | 部分特殊来源的数据是否有标注口径或来源脚注 | |
| | 材料是否写了撰写的日期（供未来需要资料时参考） | |
| 易读性 | 全篇材料的字体是否统一（除了部分出于强调目的而不同的字体） | |
| | 不同层级（标题/正文/注释）的文字的字号是否统一 | |
| | 文字的颜色是否尽量保持在3种以内，并有重点色和非重点色的区分 | |
| | 图表的颜色是否尽量保持在3种以内，并有重点色和非重点色的区分 | |
| | 播放文件，是否去除了无用的动画效果 | |

# 6.3 把数据分析的结论娓娓道来

数据分析的结果如何呈现？简单的形式可能是一张报表、一段概要简述现状和结论的文字。但在职场中，我们往往需要准备一次详细的汇报，向各个合作方进行阐述，或者向领导争取资源。于是就有了一个重要的问题：如何组织一次有逻辑的、有说服力的、能帮助我们达到想要的目的的汇报呢？下面从汇报的目的入手，向读者介绍如何组织一次优秀的汇报。

## 6.3.1 汇报是达到业务目的的手段

在相对大型的互联网企业里，汇报是一个颇为重要的职场技能和手段。有的读者可能觉得汇报是虚耗时间和精力的形式主义，但笔者有些不同的看法。在初创型小团队中，角色较少，层级扁平，业务操作变更往往推动起来很快速；但在成熟企业里，角色和层级更多，资源的分配更为谨慎，此时的确需要更为严谨和正式的手段去决定研发事项、预算资源到底应该怎样分配，才能达到对业务最大限度的优化。

所以，汇报的目的可以总结为以下几点。

- 第一，向上管理。这是汇报最主要的目的。通过汇报，可以暴露目前业务存在的问题及风险，让领导层提前预知KPI完成过程中可能出现的风险；如果要规避风险，应当怎样划拨资源、倾斜哪些业务优化策略。而且，领导层的高度更高、视野更广、经验更多，往往会给业务层很多此前未曾想过的方向和可能性，从而让业务整体的战略方向更加明确。

- 第二，驱动业务优化。在大型互联网企业里，各个团队职能相对区分。如果数据运营团队想把自己的策略优化落到实处，往往需要多方说服，以争取项目排期。在这样的关键节点，数据运营人员就需要用扎实的数据去论证观点，从而说服其他团队成员。除扎实的论证外，还需要基于结论提出优化的方向和策略，从而驱动业务优化。

- 第三，形成自己的思考沉淀。汇报除是对外汇报外，其实对自己来说也是一个难得的思考和沉淀的机会。人往往需要一次把思考“书面化”的机会，帮助自己更好地总结思想的过程、沉淀思考的结果。在“书面化”的过程中，才会发现自己之前很多思想上不够完善的地方，借助汇报的机会可以进行补充；或者另一种可能是，在这个过程中抽象出一个完整的思考脉络，这时你往往会震惊于工作中形成的“方法论”是怎样深植于脑海中的。长此以往，你会感谢过往的自己花时间进行了这些积累，这将是你以后很重要的财富。

了解了汇报的目的之后，我们还要进一步深入了解汇报的对象。了解汇报对象的意义在于方便我们随时调整汇报的逻辑，比如根据汇报对象关注的优先级或根据理解的程度调整汇报的顺序；也方便我们选择更便于汇报对象理解的沟通方式，比如考虑一些行业用语是否要先进行解释等。

那么，我们应该从哪些方面了解汇报对象呢？主要有以下3个方面。

- 汇报的对象是谁？关于“是谁”这个问题的答案，可以从人口特征上考虑。比如，汇报对象的年龄、性别是怎样的，汇报内容相应地需要有什么样的调整。更进一步的，如果你对汇报对象有一些私人层面上的了解，那么在汇报过程中适当加入一些相应的元素也有利于信息的传达。比如，在汇报“推送运营的效果数据分析”时，如果你知道合作的这位同事最喜欢的球队是“湖人”，那么你在举例说明“时事热点推送运营效果好”的观点时，就可以举“湖人夺冠”的例子，让汇报对象更专注地听你的汇报内容。另外，也可以从对象的职位特征上考虑。比如，在跟业务执行层的同事汇报时，更多地可以介绍业务实现的细节及策略的细则；但如果是跟视野更高的管理层汇报，则可以更多地从战略方向上切入，减少过多细节的描述，尽量做到精炼总结。

- 汇报对象关注什么？汇报对象关注的事项可以从两方面去思考，一方面是他们“希望从汇报中获得什么”，以及他们“最担心的是什么”。他们“希望从汇报中获得什么”指的是他们为什么要来听你的汇报，预判他们希望从你的汇报中获得哪些对他们有用的信息或价值。做这样的分析有助于你在组织汇报的时候，更有针对性地把对方关注的价值点进行强调。对于他们“最担心的是什么”，要关注他们的痛点所在。在汇报中可以用的小技巧是，先暴露对方的痛点，使对方处于担忧的“不稳态”当中，然后提出相应的分析和解决方案，让对方重新回到“稳态”当中。

- 你可以为汇报对象提供什么价值？这是汇报的核心部分，即为汇报对象提供其所需要的价值。基于对对象本身的了解和对其关注点的了解，此时我们已经大致知道对象期望从汇报中收获什么样的价值。这时我们应当对症下药，要么提供“新知”，比如有价值的信息，要么提供“对策”，比如可供汇报对象直接去落地执行的策略。

## 6.3.2 用讲故事的逻辑组织你的汇报

汇报是正式职场中的必要环节，采用引人入胜的讲述方式，才能让观众听得进去，从而接纳你的观点或建议。相信读者大多都看过好莱坞的英雄大片，短短的两小时里，编剧和导演带着观众上山入海，经历多重磨难，最终打败敌人。观众的心情也随着剧情不断地起伏，最终看到主角成功时长舒一口气，回归平静，整个过程十分引人入胜。

像这样的剧情结构其实是有一套总结出来的成熟方法论的。克里斯托弗·沃格勒是好莱坞很多制片公司的编剧顾问，在他出版的《千面英雄》一书中，就提出了“英雄之旅”这样一个故事模型。具体来说，他把一个故事的剧情要素总结为12个环节。

（1）普通的世界（Ordinary World）。

（2）冒险的召唤（Call to Adventure）。

（3）抵触冒险（Refusal of the Call）。

（4）与智者相遇（Meeting with the Mentor）。

（5）穿越第一个极限（Crossing the First Threshold）。

（6）测试、盟友、敌人（Tests，Allies，Enemies）。

（7）接近深渊（Approach to the Inmost Cave）。

（8）严峻考验（Ordeal）。

（9）获得嘉奖（Reward）。

（10）回家的路（The Road Back）。

（11）复活（Resurrection）

（12）满载而归（Return with the Elixir）。

触类旁通，汇报的过程其实与一部电影的情节类似。听汇报的人需要抽出时间来听汇报，做汇报的人需要好好考虑怎样把汇报做得更加吸引人，传递更多价值，不枉费彼此的时间。我们对“英雄之旅”做一个拆解分析，看看怎样在汇报的过程中学习讲故事的方法。

把剧情要素的12个环节做一个情绪光谱上的分析，如图6-16所示。可以看到，要让观众的情绪跟着你的脉络走，就必须在过程中制造足够多的起伏。那么，我们做汇报的过程中，怎样才能够带动观众的情绪呢？同样的，也要制造情绪上的“起伏”。

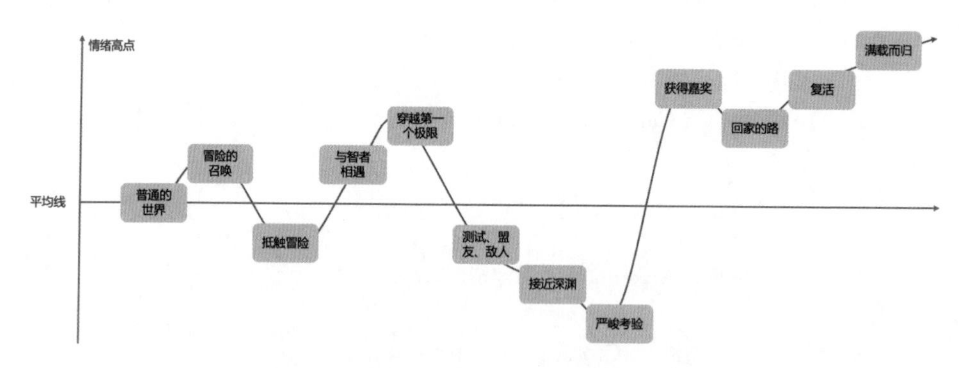


图 6-16　剧情要素的 12 个环节在情绪光谱上的分析

## 6.3.3　优秀汇报的成熟模型：SCQA 和 ZUORA

根据此前章节里对汇报目的的分析，我们可以抽象出两类主要的汇报目的：一类是观点的分析，希望他人认同你对某个事物的看法；另一类是观点的推销，希望他人认同你对事物的分析及提出的相应策略。针对这两个目的，笔者认为以下两个成熟的模型比较适合读者参考、使用，可以作为汇报组织的框架。

### 1. 观点的分析：SCQA模型

这个模型是由金字塔原理的作者芭芭拉·明托提出的，分为“情景—冲突—疑问—回答”4个阶段，使观众的情绪经历从逐步低落，到最后获得回答而重回情绪高点的过程。

- S（Situation）即情景，情景描述这个汇报的大背景，给观众铺垫一个背景框架。在这部分，可以着重介绍目前业务的现状是怎样的，尽量全面、多维度地描绘业务现状。在这部分，也可以为下面的“冲突”部分埋下一些伏笔。如表6-2所示，如果我们接下来要讲的冲突是“业务发展迅速与开发资源不足”之间的矛盾，那么在这里就可以用数据铺垫说明目前业务快速发展的增速如何。

- C（Complication）即冲突，冲突是为了突出当前我们亟待解决的主要矛盾、主要瓶颈，从而寻求解决策略的。这一步的主要目的是让观众处于相对“不安”的情绪当中，让观众认可当前的主要冲突有多么危急，才能进一步地对后续我们提出的疑问及回答有兴趣和期待。

- Q（Question）即疑问，在突出冲突之后，观众已经对这个冲突充满了担忧，我们接下来要帮观众说出他想说的话，提出他想提的问题。还是刚才的例子，假如我们的冲突是“业务发展迅速与开发资源不足”，那么观众在心里一定会有疑问：怎样才能解决开发资源不足的问题？解决开发资源不足的问题需要协调哪些部门、付出多大成本？
- A（Answer）即回答，要把观众的情绪拉回到平衡的状态中。针对刚才提出的问题，我们有针对性地提出解决方案，这时观众的不安情绪就会得以缓解，也能增加我们的解决方案被接受的可能性。

表 6-2　“业务发展迅速与开发资源不足”的 SCQA 模型

| **主题** | **业务发展迅速与开发资源不足** | |
|---|---|---|
| SCQA | 论点 | 论据 |
| S（Situation），情景 | 业务发展迅速 | （1）近5年，本业务每年的收入环比增长都在30%以上。<br>（2）本业务今年处在爆发期，同业竞争者数量在今年翻倍 |
| C（Complication），冲突 | 开发资源不足 | （1）由于业务增长，相应新增的产品需求增加了70%。<br>（2）开发资源并没有齐头并进，只增加了20%。<br>（3）导致每个技术人员承担的项目工作激增，无法保证工作质量；技术人员有较大的工作压力，甚至许多技术人员离职 |
| Q（Question），疑问 | 如何让业务和开发资源匹配 | （1）有什么方法可以解决资源不匹配的问题?<br>（2）解决资源不匹配的问题，需要多少成本 |
| A（Answer），回答 | 提出解决方案 | （1）产品需求的合理性、优先级评估：建立更完善的需求评估机制，减少不合理的、不必要的需求。<br>（2）加紧人员招聘：招聘目标的设定，要求在一定时间内完成*N*个招聘任务。<br>（3）临时用工补位：在正式员工未能及时补位的情况下，引入外包公司临时解决。<br>（4）以上方案所需的时间、费用成本等 |

### 2. 观点的推销：ZUORA模型

这是一个营销界的常用模型，分为“趋势—危机—图景—障碍—证据”5个阶段。读者可以仔细分析一下，它是不是一个引导观众情绪从平稳到紧张和困难，最后到情绪高点的过程呢?

- 阐述趋势。第一步是阐述业务当前大背景下的趋势。和SCQA模型里的第一步“情景”不太一样，“情景”里更多关注的是业务的事实现状是怎样的，而ZUORA模型里的“趋势”更着重于大家共同认可的未来趋势是怎样的。人总希望自己能把握住未来，如果先阐述一个与观众有共鸣的趋势，那么会更容易获得观众的认同。如表6-3所示，我们在阐述一个要在长视频产品里增加倍速功能的方案时，可以用具体数据阐释“现代人的注意力时长越来越短”“越来越多的竞品配备了倍速功能”等趋势。

- 释放危机。当观众认可了我们提出的趋势，情绪相对正向时，就需要把观众的情绪往紧张的方向去引导，告诉观众在这个不可逆转的趋势下，我们当前遇到的危机是需要引起重视的。比如，我们的长视频App近期的“视频完播率”不断阴跌，或者“用户留存率”不断降低等。总之，目的是摆出目前我们产品和业务面临的负面危机情况，让观众感到不安，亟待从你这里得到相应的“解药”。

- 描绘图景。在“释放危机”阶段已经把观众的情绪往下拉了，此时应及时地给观众一些正向的安慰，给处在危机中的观众一点光亮，描述一个美好的图景，即如果这个危机被解决了，我们可以到达的美好境地。通过这样的方式，及时地安抚观众的情绪。比如，可以描绘功能改善后，我们的长视频App的核心指标（比如用户使用时长等）会有怎样的提升，或者用户的体验会得到怎样的改善。

- 遇到障碍。通过描绘图景，观众对我们可以到达的未来已经产生了期待。此时，我们可以把观众的情绪再往回拉一些，把要达到这个图景的路上会遇到的阻碍罗列在观众的面前，让观众感到美好图景近在咫尺，但需要克服一些障碍和困难才能达到。比如，我们在倍速功能的实现上需要保证用户体验的顺滑、倍速功能对我们的播放器内核有更高的技术要求等。

- 摆出证据。面对障碍并不可怕，重要的是我们要怎样找到办法跨越障碍，并且要拿出有力的证据，说明我们是有能力去跨越障碍的，这样才更有说服力。比如，虽然倍速功能在实现上有一些技术难题，但我们团队里有熟悉视频内核技术优化的同事、有经验丰富的产品和设计人员，都能成为我们跨越这个障碍的有力帮手。

表 6-3 在某长视频产品中增加倍速功能的 ZUORA 模型

| 主题 | 建议在某长视频产品中增加倍速功能 | |
|---|---|---|
| ZUORA | 论点 | 论据 |
| 阐述趋势 | 倍速功能是大势所趋 | （1）现代人的注意力时长越来越短。<br>（2）同类竞品基本上都配备了倍速功能 |
| 释放危机 | 不紧跟行业趋势会使产品落伍 | （1）近期的“视频完播率”不断阴跌。<br>（2）“用户留存率”不断降低。<br>（3）本产品的市场份额逐月下降 |
| 描绘图景 | 功能的完善会带来产品的表现提升 | （1）产品的核心指标提升（如DAU、停留时长、留存率等）。<br>（2）更高的完播率，会带来更好的广告招商表现。<br>（3）更充足的费用，可以制作更多更精良的节目。<br>（4）吸引更多订阅观众，提升市场份额 |
| 遇到障碍 | 倍速功能的障碍 | （1）对我们的播放器内核有更高的技术要求。<br>（2）需求的优先级上需要得到更多资源的支持 |
| 摆出证据 | 团队有能力解决这些障碍 | （1）团队里有熟悉视频内核技术优化的同事。<br>（2）团队内有经验丰富的产品和设计人员 |

### 6.3.4 说在最后：准备好面对问题和挑战

万事俱备，只欠东风。汇报的材料已经准备就绪，接下来就等着做精彩的汇报演说了。我们需要做充分准备，才能保证汇报实现我们的目的。如何做汇报前的准备？笔者有以下几个方面的建议。

首先，熟悉汇报材料。熟悉是指至少从头到尾通读自己写的材料3遍，对整个材料的框架结构、素材位置等做到了然于胸，这样才能树立起自信。自信来源于充分了解。

其次，在熟悉汇报材料之后，尝试模拟演说几遍。有些人可能习惯写逐字稿，有的人甚至会把逐字稿放在PPT的提词器里直接读出来。但那样多少有点生硬，观众听起来现场感不足。如果实在想要一些文字才有足够的安全感，可以考虑写一些关键词给自己设下“路标”。比如，在某一页PPT里，你记录的关键词是“下跌背景、用户调研、新功能”，就是提示自己先讲述目前App的核心指标，比如留存率正在持续下跌，然后产品团队一起进行了哪些具体的用户调研、得出了哪几个核心的结论，引出我们要做一个什么样的新功能。尝试对着镜子或电脑演说几遍，讲的过程中记录下自己突然想到的一些问题，或者觉得需要再斟酌的地方，然后逐步完善。

在模拟演说的过程中，你已经在想象中把自己置于和观众对话的场景里了。此时，你脑海里的“观众”会很自然地向你“提问”。你可以把脑海里蹦出的问题先做记录，想一想如果被问到这些问题，你要如何回答。另外，因为你是对这个业务最了解的人，很容易忽略掉绝大部分人其实并不了解这个业务，所以也可以适当准备一下对基本概念和基本逻辑的解释，这也是很容易被问到的问题。如果观众是经验较为丰富的同事，则更关注整体的逻辑性，所以也要想好，为什么在这里用这个数据去证明这个问题、为什么这个数据能证明这个问题、证明这个问题跟我们的业务优化之间的逻辑关系是什么，这些在模拟演说的过程中都需要好好思考。

汇报只是第一步，更重要的是接下来对业务的驱动和落地优化。在汇报这个环节里，我们可以把结论、建议和策略都提出来，接受各方的考核，才能进一步打磨成真正可以驱动业务的策略。同时，我们也可以通过制定严谨的实验步骤，验证我们的优化策略是不是真的合理，然后不断调整。